# トヨタの新興国車IMV
―そのイノベーション戦略と組織―

野村俊郎 著

文眞堂

# はじめに

　「トヨタにも，アップルのiPod，iPhone，iPadと同じくらい成功した車がある」，と言ったら人はどんな反応をするだろうか。「バブル期の話ですね，その頃は日本のものづくりの全盛期でジャパン・アズ・ナンバーワンという本が売れたと聞いています」，しかし，これはバブル期の話ではなく21世紀の現代の話である。「ハイブリッドのプリウスの話ですか？たしかに技術的にはすごいらしいけど，台数的にはどうなのですか？」，その通り，プリウスは1997年の発売以来，年間数万台程度しか売れない時期が長く，年間百万台以上売れ続けてきたカローラと比べれば成功したとは言えない。しかし，これはプリウスの話でもない。

　その車は，カローラと並ぶ最量販車でトヨタの世界販売の1割以上を占めており，トヨタの総利益の2割程度を稼ぎ出す稼ぎ頭である。しかもその車は新興国だけでこれだけの成功を収めている。また，2004年に投入された比較的新しい車であり，短期間に大きな成功にたどり着いている。その車，それが本書で取り上げるトヨタの新興国専用車IMVである。

### 年間所得数十万円の新興国で180〜400万円のIMVが大成功，しかし何故？

　IMVは新興国専用車であることから，日本で販売されていないのはもちろん，生産もされていない。そのせいか，報道されることも少なく，まとまった書物も皆無と言ってよい[1]。

　そのため，多くの読者にとって，見たことがないのはもちろん，聞いたこともない車であろう。その車が，21世紀の新市場として注目される新興国で大成功を収めていることなど，知る由もなくてあたり前である。

　しかし，このIMV，初代を通年で販売した2005年は53万台だったが，

---

1　IMVに絞ってまとめた書物ではないが，小川紘一［2014］の第5章「アジア市場での経営イノベーション」で，IMVがイノベーションの成功事例として分析されている。

2008年，2011年のマイナーチェンジが成功し，2012年に年産100万台を超えて110万台を達成し，2013年も107万台と2年連続100万台を超えた。マイナーチェンジで価格帯は150～300万円から180～400万円と上方にシフトしたが，2012年と2013年の販売台数は2005年の2倍を超えており，マイナーチェンジで台数を伸ばしていく，持続的イノベーションの典型的な成功例となっている。

　しかし，ここでよく考えてみよう。IMVが販売されているのは所得の高い先進国ではなく，所得の低い新興国である。価格帯が180～400万円と言えばカローラより上のセグメントであり，上級グレードはクラウンにも手の届くような価格である。それは，新興国なら家が買えるような価格帯ではないのか？そんなお値段の車が，1人あたり年間所得（Per Capita GNI）数十万円の国で売れるとはどういうことなのか？そういう低所得の国では，タタのナノのようなULCV（Ultra Low Cost Vehicle，超低価格車，ナノは30万円）が新たな消費者を獲得する新市場型の破壊的イノベーションを起こすのではなかったのか？

　こう問いかければ，こんなことを思い出す読者もいるだろう。たしかクリステンセンという偉い先生の本にそんなことが書いてあった気がするし[2]，京都大学のシンポジウムのテーマも「二輪車から四輪車への乗り換えは起こるか」だった気がする[3]。所得の低い新興国でバイクより少し上の値段の車が売れるというなら分かるが，180～400万円の車が良く売れるとはいったいどういうことなのか？それが成功してトヨタの稼ぎ頭になっているというなら，それこそイノベーションではないか？だとすれば，トヨタにもジョブズのようなジーニアス（天才的）で，ビジョナリーな（先見の明のある）開発者がいるのではないか[4]？でも，そんな話は聞いたことがないな…。

---

2　クリステンセン［邦訳2003］59～63頁。ただし，ナノを事例としている訳ではない。
3　京都大学東アジア経済研究センター主催「アジア自動車シンポジウム・インドネシアは自動車大国になれるか・オートバイユーザーが自動車購入者に転換するプロセスを探る」2012年11月3日，京都大学百周年記念ホール。基調報告は塩地洋・京都大学教授。
4　ジョブズを「ビジョナリー」な開発者と呼んだのはケイン岩谷ゆかり［邦訳2014］である。

## トヨタのジョブズ，細川薫 CE

　しかし，読者が聞いたことがなくても，実際にはいるのである。それが IMV のチーフエンジニア（Chief Engineer，CE），細川薫氏である[5]。細川薫 CE は，2004 年の初代 IMV の開発を推進した生みの親であり，2008 年，2011 年のマイナーチェンジも CE として成功させた育ての親である。細川 CE は，新興国のお客さんの声に耳を傾けることで，漸進的に（アッターバック [邦訳 1998]），あるいは持続的に（クリステンセン [邦訳 2001]）改良を繰り返し，価格帯を上方にシフトさせながら利益も拡大して，IMV プロジェクトを成功に導いた。

　他方で，30 万円前後の価格帯に投入され，新興国で破壊的イノベーションを起こすのではと期待されたインドの ULCV，タタのナノは失速し，年間数万台が売れているに過ぎない。こうした IMV の持続的イノベーションの成功と，ナノの破壊的イノベーションの失敗の好対照は，新興国市場に対する細川 CE の見方がいかにジーニアスでいかにビジョナリーであったかを物語っている。

## 細川薫 CE が HWPM として開発中枢組織 Z を率いてイノベーションを推進

　ただし，自動車は，デジタル家電と比べるとはるかに複雑な構造物であり，多くの開発実務組織，多くの開発実務要員を必要とする。このように，多くの実務組織，実務要員を束ねて開発を行う自動車の開発リーダー（トヨタの場合，CE）を，Clark & Fujimoto [1991] は「重量級プロダクトマネージャー HWPM（Heavy Weight Product Manager）」と呼んでいる。また，実務組織の規模が大きいため，トヨタでは HWPM の下に Z（ゼット）と呼ばれる 10 人程度（開発規模の大きな IMV の場合は 25 人）の開発中枢組織が設置され，少数精鋭の集団で開発組織を統括している。

　このように，細川 CE は，イノベーションを成功させたリーダーと言う意味ではジョブズと同じだが，自動車という複雑な構造物の開発者であるため，開

---

5　2001 年 2 月から 12 月まで U-IMV のトヨタ側チーフエンジニアとして参画，2002 年 1 月から 2011 年 8 月まで IMV のチーフエンジニアを務め，2012 年 4 月より住友ゴム工業に出向，2014 年 4 月 1 日にトヨタ自動車を定年退職されている。詳しくは，第 2 章第 2 節を参照されたい。

発中枢組織 Z を率いて実務組織を束ねながらイノベーションを行ってきたのである。

しかし，デジタル家電に比べると，自動車の場合はこうしたイノベーション推進組織の研究は少ない。特に，トヨタの CE と Z に限定すれば，Clark & Fujimoto［1991］以降，まとまった研究は出ていない[6]。そこで，本書第 I 篇はそこに焦点をあて，トヨタのジョブズはいかにして「組織的に」新興国車を成功させたのか，読者になるべく分かりやすく説明していきたい。

## イノベーションの手法もキャラクターも違うのにトヨタのジョブズと呼んでいいの？

だが，アップルの iPod，iPhone，iPad は，それまで存在しなかった新たな価値を提案した商品である。iPod は携帯用音楽プレイヤーの記録媒体をカセットからフラッシュメモリに変えることで数千曲の音楽を携帯可能にし，iPhone はパソコン，デジカメ，iPod，電話を一つにまとめて携帯可能にし，iPad はノート PC に代わるタブレットという新たな価値を創造した。いずれも既存技術の改良では実現できない新たな価値の創造であり，それによって既存製品の市場が消滅したり，縮小したりして，アップルが提案した商品に取って代わられた。クリステンセンの言う新市場型の破壊的イノベーションである[7]。

これに対して IMV は，従来から存在した新興国向けのピックアップトラック（ハイラックス），SUV（スポーツライダー），ミニバン（キジャン）のリニューアルであり，既存製品の延長線上で付加価値を高め，価格帯を上方にシフトさせて利益を拡大する持続的イノベーションである[8]。

だとすると，「スティーブ・ジョブズと細川薫 CE ではイノベーションの手法が違うんだから，細川 CE をトヨタのジョブズとは言えないんじゃないの？

---

[6] その Clark & Fujimoto［1991］も，トヨタの CE であることを明示せずに重量級プロダクトマネージャー HWPM について説明している。藤本がそのことを初めて公表したのは，それから 20 数年を経て公刊された［2013］263 頁でのことである。
[7] クリステンセン［邦訳 2003］55 頁。
[8] 細川 CE は U-IMV（Under IMV）でも CE を務め，既存市場のローエンドを狙う破壊的イノベーションを成功させているが，アップルの製品のように新たな価値を提案して新市場を創造した訳ではなく，ジョブズとはイノベーションの手法が異なっている。

細川CEは大きな開発組織をまとめるコミュニケーション能力の優れた人物という噂だし、ジョブズとはキャラクターも随分違うんじゃない？」、こんな疑問も湧いてくるだろう。

しかし、細川CEが、IMVを世界販売台数で首位を争うトヨタでカローラと並ぶ最量販車に成長させたのもたしかである。その成功のスケールの大きさはアップルのiPod、iPhone、iPadと同様と言って良いだろう。こうした市場での成果から見て、市場の求めるものを見抜く能力、イノベーションを成功させる能力に関して、ジョブズと細川CEは同じようにジーニアスでビジョナリーだった。細川CEをトヨタのジョブズと呼んでいるのは、そのような意味においてである。

## IMVの大成功でイノベーションのジレンマに陥らないか～第2トヨタは本気ですか？～

しかし、皆さんのなかにクリステンセンの著書を愛読する方がおられたなら、こうも考えるだろう。「IMVは新興国のお客様のニーズに愚直に応えることで、高価格帯へシフトしても売れたんだろうけど、今後もそれで行けるのかな？IMVとは別に、新興国のエントリーモデルとしてLCV（Low Cost Vehicle、低価格車、70万円くらい）やULCVの開発も必要じゃないの？開発しているっていう話も聞くけど、うまくいってるのかな？IMVの大成功で、LCVの開発に今一つ腰が入ってないなら、それに成功したコンペティターに新興国市場を席巻されるかもね。愚直にニーズに応えて成功してきたが故に、新たな価値の創造に腰が入らず、それに成功したコンペティターに市場を奪われる、こういうのをクリステンセン先生の言うイノベーションのジレンマって言うんじゃないの？大丈夫かな。新興国を担当する第2トヨタっていうのができたらしいけど、どれくらい本気なんだろう？」

ごもっともである。たしかにトヨタはIMVの他にU-IMV（トヨタ・アバンザ／ダイハツ・セニア）とEFC（エティオス）、子会社のダイハツがトヨタ・アギア／ダイハツ・アイラを開発するなど、LCVの開発に取り組んでいる。しかし、一番安いアギア／アイラでも100万円前後であり、なにより「安い」だけで「新しい価値」がアピールされているように見えない。腰が入って

ないという御意見もあながち外れているとは言えない。

　また，記者発表では，トヨタは先進国担当の第1トヨタと新興国担当の第2トヨタに分割されたことになっているが，その実態はどのようなものだろうか？

　本書の第3章は，こうしたトヨタのLCV開発と第2トヨタに焦点をあて，「IMVの大成功でトヨタはイノベーションのジレンマに陥らないか？」について検討していく。

## 3車形を，1分に1台，1本のラインで生産できる秘密

　ところで，こうして設計されたIMVは，ピックアップトラックとSUVとミニバンの3車種となった。ピックアップトラックはさらに3車形に分かれているので，合計5車形である。その詳しい姿は本文を見てもらうことにして，「はじめに」で述べておきたいのはその作り方である。

　IMVの製造工場はすべて新興国にあるのだが，読者の皆さんがその工場を見学に行ったら驚くであろう。まず，そのライン速度の速さである。最も速いタイのバンポー工場で，組み立てラインの出口に立つと，ほぼ1分に1台のペースで次々に車が出てくる。しかも，バンポー工場では3車形を混ぜて流しているため，次々に違う車が出てくる。外見が大きく異なっているので，その違いが一目でわかる車が次々と出てくるのである。南アフリカとアルゼンチンの工場では，タイより1車形増えて4車形で同じ光景が繰り広げられる。さらに，台湾の工場では，モノコック構造のカムリ，ウィッシュ，ヤリス，ヴィオスとフレーム構造のIMVを混ぜており，高級セダンからエントリーカーまで，セダンもミニバンも，いろいろな車が次々に出てくる。

　そこでふと工場の全体を見回してみると，どの工場も3車形，4車形，5車形といろいろな車が作られているのだが，作っているラインは1本しかない。1本のラインの上をいろいろな車が次々と流れ出てくる。しかし，良く考えてみるとこれは不思議なことだ。何故こんなことが出来るのか？1車種ずつ別々に作るなら出来そうだが，一本のラインで混ぜて作るってどういうこと？

　このような作り方を混流生産と呼び，車種ごとに専用ラインを設置するのに比べて大幅に設備投資を削減できる。単純計算で，車種数分の一である。し

かし，混流すれば次々に違う作業内容の車が流れてくるから，取り付け漏れ，取り付け間違いが心配である。実は，IMVは細かい違いも含めると1250種類の車があり，取り付ける部品の違いで作り方は1250種類ある。それを混ぜて，1本のラインで作っているのである[9]。

　これを，漏れなく，間違いなく，しかも効率的に行うため，IMVの製造工場では，様々な工夫が行われている。本書第Ⅱ篇は，こうした工夫，インラインバイパス，SPSなどに焦点をあて，製品イノベーションを車の形にしていく製造現場の秘密[10]，アッターバック［邦訳1998］のいうプロセスイノベーションの核心に迫りたい。

## 普段お付き合いの無い欧米系の部品で大丈夫？

　IMVは新興国でグローバルに販売されているため，製造工場も近くのアジアだけでなく，遠く離れた南アフリカや南米にもある。そうすると，アフリカや南米でも部品を手に入れる必要がある。だが，日頃からお付き合いのある部品メーカーさんは，そんな遠くの国にも出ているのだろうか？残念ながら，あまり出ていない。ただ，ふだんはお付き合いのない欧米の部品メーカーは出ていたりする。ならば，「欧米の部品メーカーさんから買えばいいじゃない」，そう考える読者も多いだろう。

　ところが，一つ問題がある。トヨタでは，車両の図面はトヨタが書いているが，部品の図面の多くは部品メーカーが書いている。そのため，多くの部品の図面の持ち主は部品メーカーとなっている。しかも，バッテリーやタイヤ等を除いて，大半の部品が車種ごとに異なる専用部品となっており，その図面は日頃からお付き合いのある部品メーカーにしかない。そうすると，ふだんお付き合いのない欧米の部品メーカーから買うには，欧米のメーカーに一から図面を書いてもらうことになる。

　それには費用の問題もあるが，もうひとつ，「欧米の部品メーカーって阿吽(あうん)

---

9　工場ごとに製造していない車種や仕様があるため，1250種類を一つのラインで作っている所はない。しかし，多い順に南アフリカ工場で403種類，タイ・サムロン工場で252種類，アルゼンチン工場で158種類というように，多くの種類の車が一つのラインで混ぜて作られている。
10　藤本隆宏［2003］の言葉を用いれば，効率的な「設計情報の転写」の秘密，となろうか。

の呼吸ってできるの？」という問題がある．じつは，トヨタが部品メーカーに出す「外注部品設計申入書」（外設申）には要求性能などの仕様しか書いておらず，それを見た部品メーカーが「阿吽（あうん）の呼吸」で立派な図面にしてくれているのである．これは，日頃のお付き合いというよりも，長年のお付き合いの成せる業である[11]．その両方の無い欧米部品メーカーにトヨタ式の部品外注を任せられるのか？第Ⅲ篇では，ここを詳しく説明していく．

## 86社の現場取材と，269人からのインタビュー

　以上，開発，製造，部品調達の三つの分野が一体になって，少し気取った言葉で言えばコラボレーションして，IMVの持続的イノベーションは成功した．本書はこの三つの分野を順に説明しているので，最後まで読み進んで頂ければ，「トヨタのジョブズはいかにして組織的に新興国車を成功させたか」を理解して頂けるだろう．

　しかし，この本をトヨタの人が読んだら，こんな疑問を持つかも知れない．「この本ってトヨタの社内の人しか使わない言葉があっちこっちに出てくるよね．Zとか，外設申とか，SPTT活動とか．ボディーもボデーって書いてあるし．それに，南アフリカとかアルゼンチンとか，ベネズエラの工場のことまで書いてある．これって，どうやって調べたんだろう？そもそもアフリカや南米の工場のことなんか，ちゃんと確かめているのかな．この本に書いてあることって信じていいの？」

　そういう疑問もごもっともである．しかし，御心配には及びません．本書はトヨタの現場の皆さんから取材した内容を筆者が再構成したものである．本書の叙述は，その一つ一つに裏付けをとっており，全篇にわたって裏付けをとれたことだけで構成されている．取材は，①第Ⅰ篇「開発」と，第Ⅲ篇「調達」のうちLO（Line Off，量産開始）前の部品承認プロセスと，②第Ⅱ篇「製造」と，第Ⅲ篇「調達」のうちLO後の購買に関する部分に大別して行っている．

　前者のLO前の開発現場の事実に関しては，細川CEに対する3回のインタ

---

11　この「長年のお付き合い」の意味を明らかにしたのが，浅沼萬里（菊谷達弥編）［1997］と清昫一郎［1990］である．この両者を併せて読むと，メーカーとサプライヤーの関係の全体像が見える．

はじめに　ix

ビューで得られた骨格となる事実（ディティールは含まないが骨格だけは示して頂いた）[12] を，86 社，延べ 269 人に及ぶ現場取材（巻末の取材先一覧を参照）で肉付けしていった。トヨタの CE は設計，実験，原価企画などの開発部門だけでなく，生産技術，調達，営業など様々な部門と関わっており，こうした部門の経験者の取材を重ねることで，CE や Z の様子を詳しく知ることができた。一人一人から得られる事実は僅かでも，それを積み重ねていけば詳細なディティールが見えてくる。本書の開発現場の記述の詳細さは，取材に応じて下さった多数の現場経験者の証言の積み重ねによるものである[13]。

後者の LO 後の製造や購買の現場に関しては，タイ，インドネシア，南アフリカ，アルゼンチンなど世界 11 カ国 12 工場に広がる IMV の車両工場を 30 回，タイ，フィリピン，インド，ブラジルの 4 カ国に立地するコンポーネント工場を 6 回，合計 12 カ国 16 工場を 36 回にわたって取材し，延べ 145 人の現場の方々からお話を伺った。IMV の車両工場はタイのサムロン工場を除いてすべて複数回取材し，インドネシアの車両工場のように 7 回取材したところもある。コンポーネント（エンジン，ミッションなど多数の部品を組み上げた部品）の工場もすべて取材した。さらに 36 社の部品メーカー工場を取材して，延べ 91 人の現場の方からお話を聞いている。

これら，製造現場の分をすべて合計すると 65 社，延べ 236 人の方々からお話を伺った。本書の第 II 篇「製造」と，第 III 篇「調達」のうち LO 後の購買に関する叙述は，こうした取材で得た事実を筆者が再構成したものである[14]。言

---

12　細川薫氏からは，U-IMV と IMV の CE 在任期間，2001 年 2 月から 2011 年 8 月までに関する事実をヒアリングさせて頂いた。それ以前の構想模索期については小川紘一［2014］第 5 章などを，それ以後の第 2 トヨタなどについては別の方々から取材させて頂いている。

13　また，こうした取材を通じて，細川薫氏が「トヨタのジョブズ」であるとの思いも深まっていった。取材させて頂いた方々の多くが，IMV プロジェクトを自分のプロジェクトのように語っていたからである。細川薫氏の率いる Z チームのコンセプトは，IMV プロジェクトに関わった人々に「仕事」として意識されていただけなく，「思い」として心に刻まれていた。デジタル家電でジョブズが成し遂げたことを，細川薫氏はそれより遥かに複雑な構造物である自動車で成し遂げたのだと思う。本書はそのことを，「組織の仕組み」から明らかにすることを意図している。

14　ただし，Toyota Motor Thailand（TMT）の 3 回目の訪問（2012 年 8 月 31 日）については，取材内容を公表しない前提であったので，この時の取材で得た事実は公表していない。TMT に関する事実は，それまで 2 回の訪問で得られた事実と，別の方々が取材された際に得られた事実を提供して頂き，それらを筆者が再構成した。ただし，訪問回数，取材人数としては，この訪問もカウントしている。

葉の言い回しも含めてトヨタの現場の雰囲気を再現できるように努めたつもりである。安心して読み進んで頂ければ幸いである。

　それでは，序章から始めていこう。そこでは，藤本隆宏［2001a，d］のアーキテクチャ論を使って，IMVを「モジュラー寄りのトラック系乗用車」として概観する。

# 目　　次

はじめに ……………………………………………………………… i
略語一覧 ……………………………………………………………… xv
為替換算 ……………………………………………………………… xvi

## 序章　IMV という車 …………………………………………………… 1

### 第 1 節　Global Best の側面
　　　　　～利益率の高いトラック系乗用車で PF 統合～ ……… 3
　(1)　一つに統合されたプラットフォーム ……………………… 3
　(2)　五つに集約されたボデータイプ …………………………… 6
　(3)　モジュラー寄りのトラック系プラットフォームに五つの乗用
　　　 ボデータイプを架装
　　　 ～モジュラー寄りのトラック系乗用車での PF 統合の意味～ … 7

### 第 2 節　Local Best の側面～サフィックスで多様なニーズに対応～ … 9
　(1)　330 の販売サフィックス・1250 の生産サフィックス ……… 9

### 第 3 節　論点と先行研究 ……………………………………………… 12

### 第 4 節　本書の課題と構成 …………………………………………… 24

## 第 I 篇　IMV にみるトヨタの新興国車開発
　　　　　～開発ルーチンの保持と変異～ ……………………………… 29

### 第 1 章　開発の概要 …………………………………………………… 30

### 第 2 章　トヨタの開発ルーチンと新興国車 IMV の開発ルーチン
　　　　　～設計情報の創造に関するルーチンの保持と変異～ ……… 35

#### 第 1 節　開発組織のルーチンの保持と変異 ………………………… 36

第2節　TMC の開発組織のルーチンを「保持」している部分 ……… 39
　　　第3節　開発組織が変化した部分
　　　　　　〜製造現場から分離された企画・開発，設計情報の
　　　　　　　創造（構想）と転写（実行）の分離〜……………………… 53

# 第3章　第2トヨタは破壊的イノベーションの担い手たりえるか？
　　　　〜この組織分化は開発組織の進化か？〜 ………………… 58

　　　第1節　これまでのトヨタの新興国車開発
　　　　　　〜IMV, U-IMV, EFC, D80N〜……………………………… 59
　　　　　　ａ．先進国車の仕様で開発された新興国専用車 IMV …… 59
　　　　　　ｂ．新興国のミドル＆エントリー市場の攻略
　　　　　　　　〜Japanese Standard と LCV, ULCV 開発〜……… 63
　　　第2節　第2トヨタの分化は進化か？
　　　　　　〜IMV の大成功はイノベーションのジレンマを
　　　　　　　もたらすのか？〜…………………………………………… 70

# 第Ⅱ篇　IMV にみるトヨタの新興国車製造
　　　　〜製造組織のルーチンの保持と進化〜 ……………………… 75

## 第4章　製造の論点と概要 ……………………………………………… 76

## 第5章　グローバル供給態勢（新興国における企業内世界分業）
　　　　の変化 …………………………………………………………… 83

## 第6章　製造拠点の概要 ………………………………………………… 92
　　　第1節　IMV 生産 11 カ国，12 工場調査……………………………… 92
　　　第2節　11 カ国 12 拠点の概要 ……………………………………… 98

## 第7章　多車種多仕様混流生産の問題と解決
　　　　〜製造ルーチンの横展と変異〜 ………………………………104
　　　第1節　IMV における混流の状況 …………………………………105
　　　第2節　工数差の大きな車を混流しても手待ちのムダが出ない工夫

　　　　　〜混流生産における生産ルーチンの変異〜 …………………109
　　第3節　SPSによるTPSの進化 ……………………………………115
　　第4節　内部労働市場と準レント ……………………………………121

# 第Ⅲ篇　IMVに見るトヨタの新興国での部品調達
　　　　〜アジアでの系列調達の進化（深層現調化），南ア，
　　　　南米での非系列調達の拡大，調達ルーチンの進化〜 …………125

## 第8章　「外注部品の設計承認」と「原価設定・改定（準レントの分配）」のルーチン
　　　　〜IMVにおける調達ルーチンの保持〜 ……………………………128
　　第1節　外注部品の設計承認のルーチン ……………………………128
　　第2節　原価設定・改定（準レントの分配）のルーチン ……………130

## 第9章　アジアにおける系列取引と深層現調化
　　　　〜アジアにおけるTMCの調達ルーチンの保持とTier1の
　　　　調達ルーチンの変異〜 ……………………………………………134
　　第1節　アジアでは系列の同伴進出
　　　　〜インドネシアのIMV5，U-IMVの事例〜 ……………………135
　　　　ａ．TMMINでのIMV5の事例 …………………………………136
　　　　ｂ．U-IMVの事例 ………………………………………………145

## 第10章　南ア，南米では系列外との取引
　　　　〜南ア，南米におけるTMC現法の調達ルーチンの変異〜 ……147
　　第1節　TASA，TDVの事例 ……………………………………………147
　　第2節　系列調達のインドネシア，非系列調達のアルゼンチン
　　　　〜調達における意図せざる進化〜 ………………………………151

## 第11章　TMC現法におけるJSP，MSP，LSPの購買管理
　　　　〜内示（予測）と確定のタイミングと，内示（予測）の精度〜 …157
　　第1節　TMC現法の内示（予測）と確定のタイミングと

|            |     JSP, MSP, LSP のライン側までの部品物流 ················ 157 |
| --- | --- |
| 第 2 節 | TASA までの長距離部品輸送と発注タイミング, 予測（内示）精度 ············································· 159 |

# 終章　トヨタは無消費との対抗でもジレンマを超えられるか？
〜本書の結論とインプリケーション〜 ················ 162

第 1 節　本書の結論 ························································ 162
第 2 節　トヨタは新市場型でもジレンマを超えられるか？
　　　　〜本書の実務的インプリケーション ························ 172
第 3 節　クリステンセンの理論は新興国でも妥当か？
　　　　〜本書の理論的インプリケーション〜 ······················ 175
第 4 節　残された課題 ···················································· 178

おわりに ············································································ 181

研究発表一覧 ······································································ 187
参考文献 ············································································ 188
TMC 及び，IMV の製造，販売に関わる海外子会社訪問日時一覧 ········ 193
取材先一覧 ········································································ 194
索引 ·················································································· 198

## ・略語一覧

**【日本の組織】**

**TMC**：Toyota Motor Corporation，トヨタ自動車株式会社。たんに「トヨタ」と表現した場合は，TMCと海外現地法人の全体を指し，「TMC」と表現した場合は，海外現地法人に対して日本の本社という意味を持たせている。

**トヨタグループ**：本書では，TMCと，その連結子会社で，完成車を生産するダイハツ工業株式会社，日野自動車株式会社との全体を指している。

**トヨタ系列**：本書ではトヨタに部品を供給する部品メーカーのうち，協豊会に加盟する企業を「系列」としている。

**TMC技術部**：TMCの社内の技術部門。「日本の本社技術部」と表記することもある。

**トヨタ車体**：トヨタ車体株式会社（TOYOTA Auto Body Co., Ltd.）。TMCとは別会社だが，トヨタ100％出資で非上場の完全子会社である。IMVプロジェクトでは，IMV5の設計と試作を担当。TMCの社内ではTYと略されるが，社外では一般的ではないと思われるので，本書では「トヨタ車体」と表記した。

**【海外の組織】**

以下は，IMVを現地生産する子会社の一覧である。グローバル供給拠点（生産能力順）→国内拠点（アジア→南米の順）。

**TMT**：Toyota Motor Thailand，タイ，IMV製造工場としてサムロン，バンポーがあり，その他にセダン生産工場としてゲートウェイがある。IMV1, 2, 3, 4のグローバル供給拠点であり，また，ディーゼルエンジンの集中生産拠点である。開発組織であるTMAP-EM（Toyota Motor Asia Pacific Engineering & Manufacturing Co., Ltd.）を別会社として設立している。

**TMMIN**：Toyota Motor Manufacturing Indonesia，インドネシア，IMVを製造するカラワン工場とガソリンエンジンのシリンダーブロック等を鋳造するスンター工場がある。IMV5のグローバル供給拠点であり，また，ガソリンエンジンの集中生産拠点である。

**TSAM**：Toyota SA Motors，南アフリカ，ダーバン工場，IMV1, 2, 3, 4のグローバル供給拠点。

**TASA**：Toyota Argentina S.A.，アルゼンチン，ザラテ工場，IMV1, 3, 4のグローバル供給拠点。

**TKM**：Toyota Kirloskar Motor Pvt. Ltd.，インド，バンガロール工場。

**ASSB**：Assembly Service Sdn Bhd，マレーシア。

**TMP**：Toyota Motor Philippine，フィリピン，サンタロサ工場。
**TMV**：Toyota Motor Vietnam，ベトナム，ハノイ工場。
**国瑞汽車**：台湾，観音工場。
**IMC**：Indus Motor Company Ltd.，パキスタン，カラチ工場。
**TDV**：Toyota de Venezuela，ベネズエラ，クマナ工場。

・**為替換算**

本書における為替換算は1ドル＝100円，100ルピア＝1円で概算している。

# 序章
# IMV という車

　最初に，本書の分析対象である IMV という車について，いくつかのキーワード（以下の太字部分）を使ってその概要を述べておこう。

　① **IMV は開発サブネーム**
　まず IMV という略称だが，これは **Innovative International Multi-purpose Vehicle** の頭文字で，あえて日本語に訳せば，「革新的国際的多目的車」となるが，トヨタの社内では，通常 IMV という略語で呼ばれている。また，IMV はピックアップのハイラックス Hilux，SUV のフォーチュナー Fortuner，ミニバンのイノーバ Innova に共通する「プラットフォーム名」としても用いられる[15]。「開発コード名」と受け取る向きもあるが，開発コード名は公表されておらず，IMV は「**開発サブネーム**」である[16]。

　② **3 車形 5 ボデータイプのモジュラー寄りのトラック系乗用車**
　この IMV プラットフォームに，**ピックアップ** 3 車形（IMV1，2，3，販売名ハイラックス），**SUV**（IMV4，フォーチュナー），**ミニバン**（IMV5，イノーバ）の 5 タイプを展開している。モノコック構造のセダン系乗用車とは異な

---

[15] ピックアップトラックはタイではハイラックス・ヴィーゴ Vigo（2011 年からハイラックス・ヴィーゴ・チャンプ Champ），SUV はアルゼンチン，ブラジルでは SW4，ミニバンはインドネシアではキジャン・イノーバ Kijang Innova と呼ばれている。

[16] IMV は「開発コード名」とは別につけられた「開発サブネーム」である。IMV の前世代にも TUV（Toyota Utility Vehicle）という「開発サブネーム」が付けられていた。しかし，トヨタの近年の車両開発で「開発サブネーム」が付けられた車は少なく，他にはダイハツと共同開発のU-IMV（Under IMV），トヨタ単独開発では EFC（Entry Family Car，エティオス）があるだけである。同じ海外専用車でもタンドラ，セコイアに「開発サブネーム」は付けられていない。なお，「開発サブネーム」は社外にも公表されているが，「開発コード名」は社外に公表されることはなく，IMV の開発コード名も公表されていない。

り，「キャビン，フレーム，エンジン，車軸などが構造的，機能的に比較的分離」した「**モジュラー寄り**」（藤本隆宏［2001d］44 頁）の「**トラック系乗用車**」である。

　③　新興国専用車，170 の新興国で販売

　世界のほとんどの新興国をターゲットにした「**新興国専用車**」であり，カローラの 140 カ国を上回る **170 の新興国**で販売される一方で，日本，米国，中国などでは販売されていない[17]。

　④　**年産 100 万台**，カローラと並ぶ量産車

　2012 年に年産 100 万台を超えて 110 万台を達成し，2013 年も 107 万台と 2 年連続 100 万台を超え，同じく 100 万台超のカローラに迫る。トヨタでは，カローラ，ヤリス，カムリと並ぶ**グローバル・コア・モデル**に位置づけられている。トヨタの中では，その屋台骨を支える量産車である。

　⑤　様々な「自然環境」，「使用常識」に対応→販売サフィックス 330，生産サフィックス 1250 に多様化

　販売されている新興国では，様々な「**自然環境**」の下で，地域ごとに異なる「**使用常識**」で使われている。そのため，**販売サフィックスを 330**，**生産サフィックスを 1250 に多様化**して対応している[18]。

　⑥　第 1 世代で 150～300 万円，MC 後は 180～400 万円

　主力モデルの価格帯は発売当初で **150～300 万円**程度だったが，二度のマイナーチェンジを経て **180 万円～400 万円**程度となっている。開発構想では新興国のアッパーミドル層をターゲットに百数十万円程度の **Affordable Car** を狙っていたが，マイナーチェンジで仕様，装備を充実させていった結果，量販ボデータイプの D キャブピックアップ（IMV3），SUV（IMV4），ミニバン（IMV5）は現在の価格帯～新興国では富裕層向けの **Luxury Car** セグメント～にシフトしている。

　⑦　世界同時起ち上げ

---

17　ただし，欧州では IMV の世界販売の 3％前後が販売されている。欧州の投入先は，ドイツ，フランス，イギリス，イタリア，スペイン，オランダ，ベルギー，ポルトガル，デンマーク，ギリシャ，アイルランド，スウェーデン，ノルウェー，ポーランド，ロシア，トルコ，イスラエルなどである。

18　サフィックスについては，序章第 2 節を参照。

第1世代 IMV は **2004 年 8 月から 2005 年 4 月**にかけて輸出 4 拠点（タイ，インドネシア，南アフリカ，アルゼンチン）とフィリピン，インド，マレーシアで LO（Line Off，量産開始）され（**世界同時起ち上げ**），2008 年と 2011 年にマイナーチェンジして，現在新興 11 カ国の子会社とエジプト，カザフスタンの T/A（Technical Assistance，技術提携）先ローカル企業で生産されている。**2015 年**にフルモデルチェンジして第 2 世代に移行するすると予想される。

＜Global Best と Local Best＞

　IMV という車の概要は以上の通りだが，これを藤本隆宏［2001a, d］の言うアーキテクチャからみれば，(1) モジュラー寄りのトラック系乗用車としてプラットフォームを統合して五つのボデータイプを架装する低コストで利益率の高いものづくり，トヨタの言葉で言えば **Global Best** の側面と，(2) 様々な「自然環境」，地域ごとに異なる「使用常識」にサフィックスの多様化で対応していく **Local Best** の側面を持っている。以下，この二つの側面を見て行くことで，IMV という車について詳しく見て行こう。

## 第 1 節　Global Best の側面
　　　～利益率の高いトラック系乗用車で PF 統合～

　IMV のグローバルベストな側面は，(1) ピックアップトラック，SUV，ミニバンという異なるボデータイプのプラットフォーム（Platform，以下 PF と略すことがある）を一つに統合していること，(2) しかも単に統合しているだけでなく，モジュラー寄りのトラック系乗用車で PF 統合していること，この二つによって低コストで利益率の高いものづくりを実現していることである。以下，順に見て行こう。

### (1) 一つに統合されたプラットフォーム

　IMV は，ハイラックス（ピックアップトラック，IMV1, 2, 3），フォーチュナー（SUV, IMV4），イノーバ（ミニバン, IMV5）に共通するプラット

図序-1　IMVプラットフォーム上に架装される5つのボデータイプ
（3車種／5ボデータイプ，2011年マイナーチェンジ後）

| | ボデータイプ | 車名 |
|---|---|---|
| IMV-1 | ピックアップトラック Bキャブ（シングルキャブ） | Bキャブ 「ハイラックス」 ※タイでの車名＝「ハイラックスVIGO」 Cキャブ Dキャブ |
| IMV-2 | 同　Cキャブ（エクストラキャブ） | |
| IMV-3 | 同　Dキャブ（ダブルキャブ） | |
| IMV-4 | SUV | 「フォーチュナー」 ※南米での車名＝「SW4」 |
| IMV-5 | ミニバン | 「イノーバ」 ※インドネシアでの車名＝「キジャン・イノーバ」 |

（出所）　トヨタ自動車「IMV販売累計500万台達成」会見（2012年4月6日）プレゼンをもとに筆者作成．写真は，IMV1，2がToyota Motor Thailand，5がToyota Astra Motorの広報用写真，3はベネズエラ，4はパキスタンにて筆者が撮影したものである．

フォームの名称である．

　プラットフォームは，①ボデー下部の台（車台）と，②その車台に取り付けられる主要部品（エンジン，トランスミッション，アクスル[19]など），および③車台とアッパーボデーとのインターフェース（接合部分の形状），これら①，②，③の全体のことである．このプラットフォームにアッパーボデーが接合されて車の骨格ができる．

　IMVの場合はフレームと呼ばれる梯子形（前後に長い縦棒の途中に何本かの横棒を入れた形）の車台が使われており，フレーム型シャシ，フレーム型プラットフォームと呼ばれている[20]．

---

19　トランスミッションは「変速装置」，アクスルは前輪どうし，後輪どうしをつなぐ「車軸」のことである．
20　フレーム型プラットフォームは主にトラックや新興国用のバスで用いられるプラットフォームで，乗用車ではSUVなどの一部の多目的車に用いられている．その他の乗用車ではフレームの無いモノコックのアンダーボデーがプラットフォームとして用いられている．したがって，IMVとNBC（本文参照）は統合型プラットフォームという点では同じだが，プラットフォームがフレームかモノコックかの違いがある．この点については本節(3)でも触れる．

このプラットフォームが，ピックアップトラック，SUV，ミニバンの三つの車形で「統合」，すなわち「共通化」されている。ピックアップトラック，SUV，ミニバンは外見がまったく異なっているが，外からは見えないプラットフォームの部分は「共通」，すなわち「同じ」なのである。

　IMVの場合，ピックアップトラックがさらに三つのボデータイプ，すなわちシングルキャブ（前席のみ，ツードア，トヨタではBキャブと呼ばれている），セミダブルキャブ（前席と簡易な後席，ツードアかツードアに簡易なドアを付けたフォードア，同じくCキャブ），ダブルキャブ[21]（前席と完全な後席，5人乗り，完全なフォードア，同じくDキャブ）に分かれるため，3車形5ボデータイプが同じIMVプラットフォームに載せられている[22]。

　IMVのように三つの車形，五つのボデータイプを一つのプラットフォームに集約する「プラットフォーム統合」型の開発は，1車種ごとにプラットフォームを開発する「スタンドアローン」型の開発に比べ，開発コストを大幅に削減できる。共通化するための開発コストなどを除いて単純に考えれば，開発コストは五分の一である。

　また，製造コストに関しても，エンジン，トランスミッション，アクスルの製造や取り付けなど，プラットフォームが統合されている部分の「製造工程」と「標準作業」は，アッパーボデーがピックアップトラックでも，SUVでも，ミニバンでも，同じ工場なら共通，同じであり，同じ車台を同じように繰り返し製造していくことになる。このため，複雑なオペレーションに必要なコストは不要になる。

　また，プラットフォームが統合されている部分では生産設備も共有でき，型も共有できるので，設備，型コストも削減される。プラットフォーム部分に限定すれば，T型フォードのような量産効果が期待できる，その意味でフォーディズム的ものづくりになっている。こうしたプラットフォーム統合型のものづくりは，トヨタではNBC（開発サブネーム New Basic Car，ヴィッツ，プ

---

[21] トヨタの社内ではエクストラキャブと呼ばれているが，本書では一般的な名称であるセミダブルキャブを用いる。ただし，トヨタの広報文章などから引用する時はエクストラキャブを用いる。

[22] このプラットフォームの上に載せられている部分をアッパーボデーと呼び，IMVではそれが外見的には全く異なる3車形5ボデータイプに分かれている。アッパーボデーに対してプラットフォーム部分を，フレーム型ではフレーム，モノコック型ではアンダーボデーと呼んでいる。

ラッツ，ファンカーゴなど）以来，多数の開発で採用されている開発方法であり，トヨタのルーチンとして確立しているやり方である。

なお，プラットフォームは3タイプ5ボデータイプで共通だが，共通なプラットフォームに種類がある。まず，車台部分にはロング（ホイールベース[23] 3085mm）とショート（同前2750mm）があり，ピックアップトラック（IMV1，2，3）がロング，SUV（IMV4）とミニバン（IMV5）がショートとなっている。ただし，ピックアップトラックのシングルキャブ（IMV1）にはロングとショートの2タイプがある。これに加えて，駆動方式に，四輪駆動と二輪駆動の違いもあるため，組み合わせで合計4タイプがある。さらに主要部品でも，エンジンにもディーゼルとガソリン，排気量の違い等があり，トランスミッションにもR型とG型，それぞれに高トルク型と低トルク型などの違いがある。このように，プラットフォームは共通だが一種類ではない。しかも，それらが混流されるため，製造のオペレーションは複雑である。これらの車台に取り付けられるコンポーネント（エンジン，トランスミッションなど）の詳細については第5章，混流の詳細については第7章でくわしく述べる。

### (2) 五つに集約されたボデータイプ

このように，ロングとショート，二輪駆動か四輪駆動かなどの違いを除いて一つに統合されたIMVプラットフォームに，新興国のニーズに合わせた五つのアッパーボデー，ボデータイプが開発されている。

一つのプラットフォームから5種類のボデータイプを展開していることは，様々なユーザーニーズに対応した車形の多様化，個性的な地域のニーズに対応したローカルベストな側面と言えるが[24]，新興国の多様なニーズを五つのボデータイプに集約した標準化，グローバルベストな側面とも言える。この点，

---

23　ホイールベース（軸距）は，前輪の中心（前輪軸）から後輪の中心（後輪軸）までの長さ（距離）のことである。前輪の中心からアッパーボデーの前端部までがフロントオーバーハング（a），後輪の中心からアッパーボデーの後端部までがリアオーバーハング（b）で，(a)＋ホイールベース＋(b)＝車体の長さである。したがって，一般にホイールベースが長いほど車体も長く，逆は逆となり，IMVの場合も同様である。

24　例えば，タイの市場では乗用，商用の目的を問わずピックアップが売れ筋だが，ミニバンはほとんど売れず，インドネシアではミニバンが売れ筋でピックアップは売れないなど，国ごとのニーズに個性があり，それぞれにあったボデータイプを開発することはローカルベストの追求と言える。

トヨタ自動車（以下，TMC[25]と略すことがある）はどう説明しているだろうか？

TMCは，五つのボデータイプの展開（多様化）を，多様なニーズを五つに集約（標準化）したとみている。その論理はこうである。① 統合プラットフォームから見れば，② 5ボデータイプは多様化だが，③ 多様なサフィックスから見れば②は標準化である。TMCは②を①とともにグローバル・ベストに分類し，③のみをローカル・ベストに分類している。

供給先である世界170の新興国のニーズを五つのボデータイプに集約できていることで，多種多様なボデータイプを開発する場合に比べて，企画・開発コスト，設備，型のコストを削減できる。しかし，製造面では複数のボデータイプを混流することになるため，部品棚のスペースの増大，工数差による手待ちのムダ，ラインストップなど，解決すべき課題を提起している。

(3) **モジュラー寄りのトラック系プラットフォームに五つの乗用ボデータイプを架装**
　　～モジュラー寄りのトラック系乗用車でのPF統合の意味～

IMVのプラットフォームは，ロングとショート，二駆と四駆の違いなど以外は同一の統合型プラットフォームであるだけでなく，トラック系のフレームを用いたプラットフォームのため，モノコックのアンダーボデーよりシンプルである。すなわち，アンダーボデーとアッパーボデーが一体となって強度等を確保しているモノコック型では，アンダーとアッパーの両方からの摺り合せが必要だが，フレームで強度の大方の所が確保されているIMVでは，五つのアッパーボデーは共通の車台の上に架装しているだけであり，アッパーボデーを車台に合わせて開発するだけで概ね良く，アッパーボデーの違いによる車台側での摺り合せは少ない。

藤本隆宏［2001d］は，このタイプを「**トラック系乗用車**」と呼び，一体型ボデーで「摺り合わせ（インテグラル）アーキテクチャ」寄りのセダン系小型乗用車に対して，フレームとボデーの組み合わせで勝負する「**モジュラー型**

---

[25] Toyota Motor Corporationの略。トヨタ自動車の日本の本社のことであり，海外現地法人に対して日本の本社を明確に区別して論じる必要があるときに用いる。

表序-1 IMVボディータイプ別諸元とU-IMV諸元

| 項目 | | | Hilux Dキャブ | IMV Fortuner | Innova | U-IMV Avanza |
|---|---|---|---|---|---|---|
| 車両基本構造 | | (ボディー) | フレーム付き | ← | ← | モノコックタイプ |
| | | (エンジン) | フロント縦置き搭載 | ← | ← | ← |
| | | (駆動) | 後輪駆動 | ← | ← | ← |
| 車両 | 全長 | (mm) | 2WD&4WD | 2WD&4WD | 2WDのみ | 2WDのみ |
| | 全幅 | (mm) | 5135 | 4705 | 4585 | 4140 |
| | 全高 | (mm) | 1835 | 1840 | 1770 | 1660 |
| | ホイールベース | (mm) | 1860 | 1795 | 1745 | 1695 |
| | 代表タイヤサイズ | | 3085 | 2750 | — | 2655 |
| | 剰員数 | (人) | 265/70 R16 | 265/65 R17 | 205/65 R15 | 185/70 R14 |
| | | | 5 | 7 | 8 | 7 |
| エンジン | 基本タイプ | | ディーゼル(ターボ付き) 4気筒 | ガソリン 6気筒 | ガソリン 4気筒 | ガソリン 4気筒 |
| | 排気量 | (リットル) | 3 | 4 | 2 | 1.3 |
| | 出力 | (KW) | 126 | 175 | 100 | 67 |
| | トルク | (Nm) | 343 | 375 | 182 | 117 |
| トランスミッション | レバータイプ | | フロアシフト | ← | ← | ← |
| | タイプ | | 5速マニュアル | 5速オートマチック | 5速マニュアル | 5速マニュアル |
| サスペンション | フロント側 | | ダブルウィッシュボーン コイルスプリング | ← | ← | マクファーソンストラット |
| | リヤ側 | | リジッドタイプ 板バネ | 4リンク式リジッドタイプ コイルバネ | ← | ← |
| ブレーキ | フロント側 | | ディスク式 | ← | ← | ← |
| | リヤ側 | | ドラム式 | ← | ← | ← |

(出所) カタログと取材に基づき筆者作成。各モデルの代表スペックで表現。数字は2013年時点のもの。

アーキテクチャ」寄りのトラック系乗用車（ミニバン，スポーツユーティリティ車，ピックアップ）としている。藤本［2001d］（44頁）によれば，こうしたモジュラー型アーキテクチャのトラック系乗用車は，1990年代の米国では**セダン系の2倍を上回る利益率**だったとされる。

　また，業界関係者によれば，2013年のトヨタの世界販売台数に占める商用車の割合は2割だが，利益に占める割合は4割と言われている。商用車の販売台数の半分がIMVと見られるため，IMVと他の商用車の利益率が同じなら，**IMVはトヨタ全体の利益の2割を稼いでいる**ことになる。

　IMVはフレーム構造を用いた統合型プラットホーム（車台）の上に異なるアッパーボデーを架装するシンプルな開発コンセプトにより開発工数が少なく，製造の工数も少ない。このため，同じプラットフォーム統合でもトラック系フレームの方がモノコックのアンダーボデーより利益率が高いのである。

　表序-1は，こうした特徴を持つトラック系乗用車IMVのボデータイプ別主要諸元である。全長，全幅，全高，代表タイヤサイズ，乗員数を除いた部分がボデータイプに共通するIMVプラットフォームの諸元である。なお，右端はU-IMVの主要諸元である。

## 第2節　Local Bestの側面
### 〜サフィックスで多様なニーズに対応〜

### (1)　330の販売サフィックス・1250の生産サフィックス

　IMVは，国ごとに異なる細かなニーズに対応した多種多様な販売サフィックス，生産サフィックスを展開することで，ローカルベストを追求している[26]。

---

26　TMCにおける「仕様」と「サフィックス」の違いは，こうである。ハンドルを例にとって，革巻き（A），ウレタン製（B），の2種類があるとする。一方，ハンドルにつくスイッチが有り（a），無し（b）とする。これら（A）（B）（a）（b）はいずれも「仕様」である。実際の組み合わせは，A*a，A*b，B*a，B*bのトータル4種類ある。これをTMCでは「サフィックス」としている。すべての部位に各仕様とその組み合わせが存在して，サフィックスができあがる。なおかつ，サフィックスは各車両モデルで共通のものもあり，固有のものもあり，IMVのように多種多様な「自然環境」，「使用常識」で使うことを想定すると，それらに適切に対応するサフィックスはどんどん増えていくことになる。

図序-2 車両バリエーション（各地域の販売型式数）

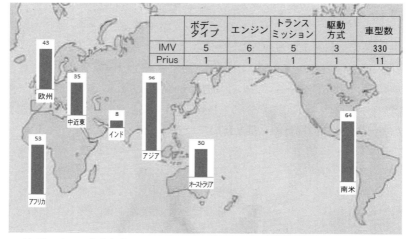

（出所）　トヨタ自動車「IMV 販売累計 500 万台達成」会見（2012 年 4 月 6 日）プレゼンより作成。

　新興国は，① 未舗装の道路，砂漠，4000m 以上の高地，40 度以上の酷暑，－30 度以下の極寒といった「自然環境」のもとで，② 3 t 以上もある重量物の牽引や車両デッキへの荷物満載，多人数乗車など，地域ごとの「使用常識」が存在する。

　このような，「自然環境」や「使用常識」から生み出される各国ごとに異なる新興国のローカルニーズ，それは，各国ごとに個性的であり，同時にまた，一国の市場規模の小ささにより，ニッチなスケールである。そのような新興国のニーズの多様性に対応した Local Best な専用車，それが IMV である。

　現地ではどんなサフィックスが必要なのか，その情報収集と企画提案を現地化することで多様化を実現，他方では，サフィックスでも開発は TMC に集権化することで効率性も実現している。

---

　こうしたサフィックスのうち，カタログに掲載されてユーザーにも違いが分かるものを「販売サフィックス」，それに，カタログには掲載されないが製造現場でつくりが異なるものを加えたのが「生産サフィックス」である。

　このどんどん多様化していくサフィックスが 1 台 1 台の車を異なるものにしていき，車種間の工数差から組み付け時間の長短の違いを生み出していくのである。

序章 IMVという車 11

図序-3 500万台達成のこころ

・世界各地域の使用環境を良く見てきた
・各地域のニーズに対応した商品を愚直に開発してきた
・各地域の隅々に渡ってサービスも対応してきた

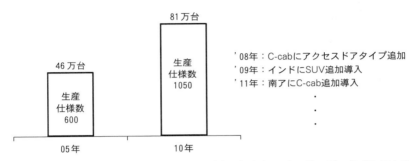

'08年：C-cabにアクセスドアタイプ追加
'09年：インドにSUV追加導入
'11年：南アにC-cab追加導入

(出所) トヨタ自動車「IMV販売累計500万台達成」会見（2012年4月6日）プレゼンによる。

表序-2 国別工場別サフィックス＆車種数一覧

| 国名 | 工場名 | サフィックス数 | 車種数 |
|---|---|---|---|
| タイ：TMT① | サムロン | 224 | 3 |
| タイ：TMT② | バンポ | ― | 3 |
| インドネシア：TMMIN | カラワン第1 | ― | 2 |
| 南ア：TSAM | ダーバン工場 | 403 | 4 |
| アルゼンチン：TASA | ザラテ工場 | 158 | 3 |
| ブラジル：TDB | サンベルナルド工場 | ― | 3 |
| インド：TKM | バンガロール工場 | ― | 2 |
| マレーシア：ASSB | ― | 9 | 4 |
| フィリピン：TMP | サンタ・ロサ | 12 | 1 |
| ベトナム：TMV | ハノイ | 7 | 2 |
| 台湾：国瑞 | 観音工場 | 53 | 1 |
| パキスタン：IMC | カラチ工場 | 5 | 3 |

(出所) 筆者による各工場でのヒアリング結果をまとめた。

**図序-4 TSAM IMV サフィックス**

1. 完成車仕向別サフィックス数

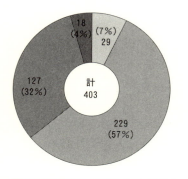

2. 仕向・ボディタイプ別サフィックス数

| 仕向 | ボディタイプ | 数 |
|---|---|---|
| 南ア国内<br>（29サフィックス） | Bキャブ | 9 |
| | Cキャブ | 3 |
| | Dキャブ | 9 |
| | SUV | 8 |
| 欧州向け輸出<br>（229サフィックス） | Bキャブ | 79 |
| | Dキャブ | 150 |
| アフリカ向け輸出<br>（127サフィックス） | Bキャブ | 33 |
| | Cキャブ | 1 |
| | Dキャブ | 70 |
| | SUV | 23 |
| カリブ向け輸出<br>（18サフィックス） | Dキャブ | 11 |
| | SUV | 7 |

（出所）筆者による TSAM でのヒアリング結果をまとめた。

## 第3節　論点と先行研究

　以上，トヨタの新興国車 IMV の概要について説明してきた。本書は，この IMV について，そのイノベーションの現場である開発，製造，調達の三つの組織を分析していく。そこで，これから進めていく本書の分析に関連して，イノベーションやこれらの三つの組織について，これまでどんな論点があり，どんな研究があるか，そして，それらに対して，本書の意味はどんな所にあるか述べておきたい[27]。

### ＜製品イノベーションとプロセスイノベーション＞
　本書の全体の構成は，IMV の開発を対象に「製品イノベーション」を分析

---

27　なお，第3節は「はじめに」で述べた本書の論点をアカデミックな議論と関連させて説明している。ただ，本節は一般の読者にはやや難解と思われるので，アカデミックな議論に関心が無ければ，第3節を飛ばして次の章に進んでもらっても良い。

する第1篇と，IMVの製造と調達を対象に「プロセスイノベーション」を分析する第2篇，第3篇から成っている[28]。イノベーションを「製品イノベーション」と「プロセスイノベーションに分ける考え方はアッターバック，J. M.［邦訳1998］に依っている。

　また，本書ではイノベーションのタイプを持続的イノベーションと破壊的イノベーションに分け，後者についてはさらに既存市場のローエンドでおこなうもの（ローエンド型）と，新市場を創造して行うもの（新市場型）に分けている。この分析方法は，クリステンセン，C. M.［邦訳2003］に依拠している。また，持続的イノベーションを漸進的イノベーションと呼ぶこともあるが，この概念はアッターバック，J. M.［邦訳1998］によるものである。

　こうしたイノベーションの視点からIMVを分析したものに，小川紘一［2014］の第5章「アジア市場での経営イノベーション」がある。その章では，三菱化学のDVDディスクの事業戦略とIMVの二つを並べて，アジア市場でのイノベーションの成功事例として紹介している。同書でIMVが分析されるのはその章だけで，IMVのイノベーションを体系的に分析しているわけではない。しかし，深く掘り下げて取材している部分があり，特にIMVの構想模索を1995年まで遡る部分の取材は掘り下げが深い。本書では，細川薫CEが2001年にU-IMVのCEに就任して以降を分析しており，それ以前の構想模索期の事実関係については同書を参照されたい。

### ＜新興国のボリュームゾーンはどこにあるか＞

　IMVが投入されている市場は新興国市場である。そこで今後の成長が期待されるボリュームゾーンは，自動車に手が届かなかった低所得層の市場であるという見方がある。この新興国の低所得層をプラハラード，C. K.［邦訳2010］はBOP（Bottom of the Pyramid）と呼んでいる。このピラミッドの底の部

---

28　本書では，製品イノベーションと対になる概念として「プロセスイノベーション」を用いている。いずれも，アッターバックのProduct InnovationとProcess Innovationの日本語表記だが，Productは「製品」と日本語訳して漢字表記し，Processは原語のまま「プロセス」とカナ表記している。前者は誤解を生む恐れがなければ日本語訳すべきとの考えによるものだが，後者についてはProcess Innovationに製造工程のイノベーションだけでなく，調達プロセスのそれも含めている。「工程」と訳すと後者が含まれないと誤解される恐れがあるため，あえて訳さずにカナ表記としている。

分の市場（BOP市場）は，所得水準は低いものの人口が多く，経済成長に伴う所得水準の上昇によって大きな市場に成長していくと期待されている。

　この所得層は自動車には手が届かなかった所得層だから，自動車市場にBOPのセグメントは存在していない。このため，自動車市場のBOPセグメントでは，クリステンセン，C. M. ［邦訳 2003］の言う「無消費に対抗」する「新市場型のイノベーション」のチャンスがある。チャン・キム，W.，レネ・モボルニュ［邦訳 2013］の言葉で言えば，自動車市場のBOPセグメントは「ブルー・オーシャン」ということになろう。多数の競争者が血みどろの競争を繰り広げる「レッド・オーシャン」ではなく，競争者のいない「ブルー・オーシャン」に向かうのが正しい戦略かも知れない。

　しかし，IMVが成功を収めたのは，同じ新興国市場でもBOPとは正反対の高所得層のセグメントである。新興国の経済成長は，低所得層の底上げや中間層の拡大（既存中間層の所得増大と新しい中間層の登場）をもたらすが，同時に，自動車を既に購入している高所得層の所得も増大させる。新興国における自動車のボリュームゾーンはBOP側にも中間層にも登場の可能性があるが，21世紀の最初の十数年では高所得層側に先行して登場し，中間層では緩慢にしか登場せず，BOP側ではほとんど登場してこなかった。これがIMVの持続的イノベーションを成功させ，タタ・ナノの新市場型破壊的イノベーションを失敗させた要因である。

　だが，今後はBOP側や中間層からも新興国の自動車市場のボリュームゾーンが登場してくるだろう。自動車メーカーはその準備も進めていかなければならない。これが，本書の分析の基本的なスタンスである。しかし，トヨタのように持続的イノベーションで成功した企業が利益率の低い市場に挑戦するのは難しい。イノベーションのジレンマがあるからである。次にこの論点について見ておこう。

＜イノベーションのジレンマ＞

　IMVは藤本隆宏のアーキテクチャ論で言えばトラック系乗用車である。そして，このトラック系乗用車は利益率が高いと言われている。

　ビッグスリーのトラック系乗用車は，1990年代のアメリカでは乗用車の2

倍の利益率と言われていた。しかし，アメリカのビッグスリーはこの大成功で利益率の低い小型セダンの開発を怠り（クリステンセンの言葉で言えば開発から「逃走」し），日本，韓国の小型車の北米進出の後塵を拝することになった。これと同様なことは同じくトラック系乗用車 IMV の開発で大成功したトヨタにも起こらないか？既存市場のローエンドや，今まで自動車に手の届かなかった人向けの新市場は利益率の低い市場である。クリステンセンによれば持続的イノベーションの成功者はそこから「逃走」するよう動機づけられている。これがクリステンセンの言う「イノベーションのジレンマ」であり，本書はトヨタがそれを超えられるかを分析している。

　以上の本書の論理のうち，アーキテクチャ論については藤本隆宏［2001a］，1990 年代のビッグスリーについては藤本隆宏［2001d］，イノベーションのジレンマについてはクリステンセン, C. M.［邦訳 2001］，IMV をビッグスリーと同様の論理で分析する方法については藤本隆宏［2014］に依っている。

### ＜創造性と効率性を引き出し，イノベーションを生み出す「現場」を分析＞

　以上のようなイノベーションに関して本書が分析の対象としているのは，①トヨタの開発中枢組織 CE-Z が設計，実験，原価企画の実務組織を横串にする「開発の現場」，②新興 11 カ国の IMV の「製造の現場」，③非系列サプライヤーとの取引が中心のアフリカ，南米で進む調達の進化，また，日本に先行して導入された P レーン，インドでの長距離輸送など物流の進化などが見られる「調達の現場」，以上の三つの「現場」である。

　本書は，「戦略」を分析するだけでなく，戦略が生み出される「現場」と，戦略が具体化され実行される「現場」を分析している。この現場を分析するという方法は，藤本隆宏の一貫した方法であり，すべての著作から読み取ることができるが，［2013b］では主流派経済学に対して「産業を捨象してもらっては困る」と述べる一方で，「産業が産業として分析されていたスミス，リカード，マルクスなどの古典派経済学に立ち戻り，そこから考え直すことにしました」（211 頁）と述べている。こうした学問的立場から主張される「現場発の産業論」に依拠しながら，本書はイノベーション〜製品イノベーションとプロセスイノベーション〜を分析している。

すなわち，製品戦略が構想される開発中枢組織 CE-Z の現場，この戦略を実行する開発実務組織の現場，工程イノベーションが行われる生産技術と製造組織の現場，調達組織の現場を分析し，それらの「現場」の仕組みが個々のスタッフの「創造性」と「効率性」をどのようにして引き出しているのか，それによって，「イノベーション」がどのように生み出されているのかを分析している。CE が構想した抽象的な製品「戦略」（製品イノベーションの「戦略」）を，現場の「組織」が具体化していく姿を描いているのである。

<開発現場の分析>

こうした現場のうち，開発現場の分析については，1980 年代の自動車メーカーの開発現場を分析した Clark, K. B. and Fujimoto, T. ［1991］［邦訳 1993］の成果と方法を継承している。また，同書に依拠して日産，ホンダの開発現場を分析した長沢伸也・木野龍太郎［2004］，IMV5（イノーバ Innova）の先代モデルでインドネシアを中心に投入されていたキジャン Kijang の開発を「トランスナショナル化」という視点から分析した椙山泰正［2009］，トヨタの米国及び欧州専用モデルの製品企画と開発を対象に 1991 年に開発が始まったカムリ・クーペから 2012 年に投入された第 4 世代アバロンまでを分析した石井真一［2013］も参照した。CE 制度に先行する主査制度については，70 年代のトヨタの開発現場を実証した安達瑛二［2014］を参照した。

また，CE-Z が構想する製品戦略に関連して，戦略を一般的，体系的に解説した網倉久永・新宅純二郎［2011］を参照した。

<製造現場の分析>

製造現場の分析については，大きく三つの先行研究を参照している。一つは，藤本隆宏［1997］が提起した「開発現場が創造した設計情報が製造現場で転写される」とする見方である。この転写論に関しては，開発された設計情報がオートマチックに素材や仕掛品に転写されるというイメージがあり，製造現場での転写の工夫，たとえば設変（設計変更）が抜け落ちているとの批判がある。私も製造現場の分析には設変を取り入れるべきと考えるが，設計変更された図面も Z 承認が必要であり，Z 承認された図面が素材，仕掛品に転写される

ことに変わりはない。その意味で本書は転写論に依拠している。

　もう一つは，マーケティングと結び付けて製造現場を分析する塩地洋［1986a］［1986b］［1988］の方法である。塩地は，多車種多仕様混流生産のうち，混流という要素を除いた「多車種多仕様生産」に焦点を当て，これを，エントリーモデルからラグジュアリーモデルまでの「フルラインアップ化」と，様々な仕様を自由に選べる「ワイドセレクション化」の双方を実現する量産機構，すなわち「多銘柄多仕様量産機構」として分析している。IMVの場合も，エントリー価格帯のシングルキャブ・ピックアップからラグジュアリー価格帯のSUVまでの「フルラインアップ化」と，サフィックスを1250種類まで展開する「ワイドセレクション化」を「多銘柄多仕様量産機構」で実現している。本書の分析対象も塩地と同様にこの「多銘柄多仕様量産機構」である。

　ただし，塩地は「多銘柄多仕様量産機構」のうち①「多銘柄」量産機構については工場の増設で実現していく過程として，②「多仕様」量産機構については，(a) 複雑なオペレーションを可能にする管理部門へのコンピュータ導入と，(b) 受注に応じた仕様で生産できる旬間オーダー，デイリー変更の導入から説明している。この点で，「混流生産」によって「多銘柄多仕様」の「量産」が実現されると見る本書とはアプローチが異なっている。本書は，一つの工場，さらに一つのラインでも，1本のラインに混ぜて流せば「多銘柄多仕様」の「量産」を実現できることを明らかにしている。

　もう一つ製造現場の分析で依拠しているのは，丸山恵也［1995］のポスト・フォーディズム論争の評価である。丸山は加藤哲郎&スティーブンの「強搾取」論と，ケニー&フロリダの「知識内包的生産」（いずれも加藤哲郎・R.スティーブン編［1993］に所収）とを，「資本主義的生産過程が有する二重性に基本的には由来する」とし，「日本的生産システムの特質を解明するためには，この二重性の視点から強搾取と知識内包的生産の2側面をどのように具体的に位置づけるかが重要な課題となってくる」（204頁）としている。

　このような，資本主義的生産過程が「二重性」を持つという見方は本書の見方と一致している。こうした丸山の見方は，トヨタの労働過程を「改善の仕組みと濃密な人間関係を持ったテイラー主義」［1993b］（217頁）と規定した野村正實［1993a］［2001］［2003］と，同じくトヨタの労働過程では現場作業者

にも「知的熟練」が形成されているとする小池和男［1991］,［1999］,［2005］との論争にも妥当するだろう。

最後に，ポスト・フォーディズムに関する丸山恵也の見解，および，野村正實と小池和男との論争に関連する私見を述べておく。工場の管理部門と現場の作業者の関係は，①「相互に依存」した関係，すなわち，管理者は現場の作業者が指示通り作業してくれないと設計情報を転写できないが，作業者も管理部門に指揮してもらわないと組織的な作業ができないという関係にある。この相互依存関係が日本では長期継続的雇用によって進化していき，現場の作業者が関係特殊的スキルを身に付けていった。たとえば，班長による標準作業のカイゼン＝標準作業書の書き換え，現場の作業者の提案を取り入れたポカよけ，カラクリの設置など，欧米なら管理部門がする仕事を現場の作業者が行うようになっている。しかし，②この関係特殊的スキルに対する対価は，肉体労働＋精神労働の対価，あるいは熟練労働に対する対価であり，その部分をどの程度払うかを巡って工場の管理部門と現場の作業者がせめぎあい，「相互に対立」する関係となっている。

したがって，「管理部門と現場労働者との関係」を「強搾取」が行われる対立関係としてのみ描くのは一面的であり，しかし同時に，現場労働者が「知的に熟練」することで管理される存在から協力する存在に変わったとするのも一面的である。見田石介［1979］の言う「矛盾」した関係，この場合では「お互いが相手なしには成り立たず相互に依存しあっていることから育って来る関係特殊的スキルもあるが，その報酬をめぐる利害は対立し合っている関係」として捉えるのがリアルな見方と考えている。

＜グローバルな生産分業態勢を構築している製造現場＞

IMVは，FTA（Free Trade Area，自由貿易地域）としてAFTAがあるアジア，FTAがないアフリカ，FTAとしてメルコスールがある南米に，それぞれ地域ごとの集中生産・供給拠点を設けてグローバルなFTA別のグローバル生産分業態勢を構築している。また，ディーゼルエンジンをタイで，ガソリンエンジンをインドネシアで，G型トランスミッションをフィリピン，R型トランスミッションをインドで集中生産するなど，コンポーネント別のグローバ

ル生産分業態勢も構築している。

このうち，AFTA（Asean Free Trade Area，アセアン自由貿易地域）に対応した部分については，清水一史［2010］の分析を参照している。それ以外の地域については本書で独自に分析した。

<調達現場の分析>

調達現場の分析については，①LO（Line Off，量産開始）前の調達先の選定，TMCテクニカルセンターとTier1が並行して進めるSE（Simultaneous Engineering）活動，TMC現地法人とTier1現地法人の間での原価交渉など，トヨタとTier1の「開発の現場」（設計，実験，原価企画の現場）が対象になる時期と，②LO後のTMC現地法人とTier1現地法人の間での価格改定交渉を行う「購買の現場」，TMC現地法人が発注した部品の「物流の現場」が対象になる時期に分かれる。

TMCとTier1のSEの現場，すなわち「開発の現場」については，浅沼萬里［1987］［1990］（Asanuma, B.［1989］の邦訳）［1994］［1997］が，①貸与図と承認図の区別，②サプライヤーの関係特殊的技能が生み出した準レント[29]の分配交渉という分析の枠組みを提起している。また，関係準レント分配交渉が，カーメーカー側の「曖昧な発注・無限の要求」によりサプライヤー側に不利になることを，清晌一郎［1990］が指摘している。

また，藤本隆宏［1998］は，浅沼の見解を継承して，カーメーカーが同じ部品メーカーに「まとめてまかせる」，すなわち「詳細設計と試作と製造をまとめてまかせる（承認図方式），部品の加工とサブ組立をまとめてまかせる（サブアッセンブリー納入），製造と品質管理をまとめてまかせる（無検査納入）」（61頁）ことで，部品メーカーが長期的に「まとめる能力」を蓄積し，コストダウンや品質向上を達成するとしている。本書の分析は，こうした浅沼，清，藤本の研究に依拠している。

LO後の購買の現場に関しても，清晌一郎［1990］の「曖昧な発注・無限の要求」に依拠している。ただし，LO前にしろ，LO後にしろ，「曖昧な発注」

---

29　この準レントがサプライヤー側に帰属する場合は，「マルクスの特別剰余価値」（浅沼萬里［1987］56～57頁）のことだとしている。

が行われていることは清の指摘の通りであり，だからこそ「無限の要求」も「可能」なことは清の言うとおりだが，実際に「無限」に要求が行われているかというと，そうではないと見ている。

　カーメーカーとサプライヤーとの関係にも，経営陣と労働者の関係と同様に，「相互に依存しあう」面があり，その面では，サプライヤーの品質，コスト，納期のカイゼンが，カーメーカーのそれと表裏一体になっている。そのため，サプライヤーが関係特殊的投資を行って，品質，コスト，納期をカイゼンできるよう，カーメーカーは関係準レントの分配交渉で，カーメーカーの利益のためにも，サプライヤーにある程度は分配しておくのである。すなわち，一方的に準レントをカーメーカーがサプライヤーから持って行っているのではなく，準レントは交渉によって分配されており，「曖昧発注・継続要求」でカーメーカーに持って行かれる部分はあるが，サプライヤーに残る部分もあり，それは品質，コスト，納期をカイゼンするのに必要な水準で残されている，そういう見方で分析を行っている。カーメーカーとサプライヤーとの関係においても，管理部門と現場作業者との関係と同様に，見田石介［1976］のいう「お互いに相手なしにはやっていけない相互依存関係にあるが，同時に，お互いの利害が対立する相互対立関係」，一言で言えば「矛盾した関係」にあると見ているのである。

　LO後のTMC現法からTier1現法への発注のタイミングを分析した先行研究は未だないが，日本国内でのカーメーカーからTier1への発注タイミングについては，杉田宗聴［2010］が内示（予測）数量と実際の発注（確定）数量の乖離幅を調査し，乖離した場合の需要変動対応能力について考察している。また，日本国内でのディーラーとカーメーカーの発注・受注関係（旬間オーダー，デイリー変更）を分析したものに富野貴弘［2012］がある。

　本書は主に，杉田の分析しているカーメーカーからTier1への発注に焦点をあて，IMVを製造する新興国現地法人から①現地サプライヤー，②周辺国サプライヤー，③日本のサプライヤーへの発注の流れと，受注から現地工場到着までの物流の流れを分析している。

**＜開発現場のルーチンから製品イノベーションが生み出され，プロセスイノ**

ベーションはルーチンとして確立＞

　以上の現場の組織を分析する場合，本書は藤本隆宏の言う「ルーチン」という概念を活用している。藤本[2013b]の言うルーチンとは，「型通りの仕事の仕方」（188頁）のことで，「トヨタ生産方式」に関わる組織能力は，約400のルーチンが連動するシステムとしている。

　本書は，開発組織のルーチン，開発組織の「型通りの仕事の仕方」を分析して，イノベーションの戦略であるCE構想を推進するCE-Zと，開発実務を効率的に進める設計，実験，原価企画という縦割組織の部長を，現場のスタッフが「両睨み」しながら，CEが推進する「創造性」と，部長が推進する「効率性」の両方が引き出されていく姿を明らかにしている。トヨタの開発現場の組織では，「型通りの仕事の仕方」を通じて，イノベーションの戦略が数千枚の図面の一枚一枚に具体化されていくのである。

　IMVの製造現場でも，たとえば，①インラインバイパスが「型通りの仕事の仕方」（標準作業）として確立したり，②輸入部品，現調部品をSPSや順立てでライン側に届ける仕事が「型通りの仕事の仕方」として確立したりしている。すなわち，ルーチンとして確立しているのである。

　IMVの調達の現場でも，アジアでは長期継続的取引が生み出す阿吽（あうん）の呼吸が「型通りの仕事の仕方」として移転される一方で，アフリカ，南米ではそれがない欧米系サプライヤーとも別の仕方で「型通りの仕事の仕方」が確立している。プロセスイノベーションが新たなルーチンとして確立しているのである。

　本書は，以上のように藤本のルーチンの概念を活用して現場を分析している。

＜IMVが大成功する一方で，進むLCVに向けた創発＞

　IMVの開発組織では，先進国モデルの開発の場合と同じルーチンで開発が進められた。そのルーチンの主なものは本書で説明したが，全体では数十を数えるだろう。それらをイノベーションと関連させて一括すれば，「持続的イノベーションのルーチン」，あるいは「持続的イノベーションの組織能力」と言うことができる。IMVは初代で150～300万円，マイナーチェンジ後で

180〜400万円という価格帯であったため，そうした持続的イノベーションのルーチンにフィットして大成功を収めた。

しかし，LCVを目指したEFCが百万円以上，ダイハツ・スタンダードで開発されたアギア／アイラでさえ100万円前後であり，トヨタの持続的イノベーションに最適化されたルーチンではLCVの開発が難しいことが明らかになっている。

新興国車を新興国専用の別ブランド，あるいは別会社にすることや，「開発は日本・製造は新興国」という組織構造から「開発も製造も新興国」という組織構造に変革すること，品質，安全，環境のトヨタ・スタンダードを新興国にアダプテーションすることなど，さまざまな試みを通じて，トヨタの開発組織が新興国に最適化されたルーチンを持った組織に進化すること，これがLCVの開発には不可欠と思われる。

藤本隆宏［1997］，［2003b］によれば，こうした組織の進化は，生物システムであれば遺伝子の「突然変異」，企業システムであれば「あるルーチン」が「別のルーチン」に変わる（変異する）ようなシステムの「創発」によって起こるとされ，創発とは「計画と偶然が渾然一体となったシステム変異のメカニズム」［2003b］（52頁）とされている。

トヨタでも，経営陣が「70万円のLCVを開発する」と判断すれば，それに結び付いていく創発が様々に行われている。結果的にインドネシア向けが130万円となってしまったEFCの開発でも，当初はLCVを目指して開発のバッファレス化などの革新的な取り組みが行われていた。子会社ダイハツによるアギア／アイラの開発もダイハツ・スタンダードを現地アダプテーションすることでベースのイースより一回り安い車の開発に成功している。第2世代IMV（2015年LOと予想される）の開発でタイの現地事業体TMAP-EMへ権限の一部を移譲したことや，トヨタの組織を先進国担当の第1トヨタと新興国担当の第2トヨタに分割したことなども，経営判断さえ下ればLCVの開発に結び付くだろう。経営判断が下っていないので，それぞれの「創発」はまだ「渾然一体」とした中にあるが，判断が下れば一本の道にまとまっていくと考えられるのである。

## ＜LCVに向けた「前適応」と「創発」＞

前項で触れた，① EFCの開発過程で生み出された開発のバッファレス化や，② スタンダードの現地アダプテーション，③ TMAP-EMへの開発権限の一部委譲，④ トヨタの組織を第1トヨタと第2トヨタに分割したことなどは，経営陣がLCVやULCVを開発すると経営判断したとき，はじめてそれらの開発の条件としての意味をもつ。

これは，人類が突然変異によって言語のRecursiveness（再帰性，文を無限に埋め込む能力）を獲得したときはじめて，① 言語を獲得できるレベルまでの大脳の発達，② 音節が区切れるようになるための呼吸を止める能力の獲得，③ 声を発するための喉の発達などが，言語獲得の条件となったのと同様である。このように，人類がRecursiveness（再帰性）を獲得したとき，はじめて言語獲得の条件となった①，②，③ などを，進化言語学では「前適応」（Preadaptation）と呼んでいる。これらについては，Chomsky, N., etc. ［2010］，岡ノ谷一夫［2007］［2010］を参照した。

本書で，IMVの他に，U-IMVやEFC，アギア／アイラを分析したり，第2トヨタを分析したりしているのは，それらで生じた組織構造の変化や新たなルーチンが，LCVやULCVの開発の「前適応」になるという問題意識からである。

## ＜2004年の第一世代LO，2008年と2011年のマイナーチェンジを対象に分析＞

本書の主たる分析対象は，2004年にLOされた第一世代IMVである。第一世代IMVは細川薫CEをリーダーとするZBが開発を統括して開発され，2008年と2011年のマイナーチェンジに向けた開発も同じ態勢で進められた。本書はこの時期の開発の「戦略」とそれを具体化する現場の「組織」を分析している。そして，その組織ルーチンが開発現場の創造性と効率性を引き出し，製品イノベーションを図面に実現していく姿を描くとともに，製造組織や調達組織がプロセスイノベーションに対応した新たな組織ルーチンで，IMVという車の形に実現していく姿を描いている。本書は細川CEの時代のIMV，二度のマイナーチェンジを含む初代IMVの時代の組織ルーチン，IMV以前と比

べた組織能力進化を分析したものである。

　しかし，IMV は 2015 年に第二世代へとフルモデルチェンジが予想されている。2011 年のマイナーチェンジを終えたあと，IMV の CE も中島裕樹氏に交代した。第 2 世代の開発でも CE-ZB の集権的体制は維持されるようだが，海外に目を向けると各国の自立性が高まり，地域分散の要素が増す事も容易に予想される。

　例えば，タイの TMAP-EM の技術機能の拡大もそう思わせる事実であり，また，各国の事業体の取材を通しても，現地のスタッフの次に向けた意欲が会話の端々に強く感じ取られたからである。

　製造現場，調達現場にも変化が生まれてくるだろう。したがって，本書の行った第一世代に関する分析は，その骨格は第二世代でも変わらないにせよ，一部にあてはまらない部分も出てくると思われる。第二世代 IMV の新たなルーチン，新たな組織能力進化が分析されなければならない。

　だが，本書は，現場の「型通りの仕事の仕方」を明らかにする静態的な「組織ルーチン分析」と，その「型通りの仕事の仕方」が変異する動態的な「組織進化分析」の両者を意図しており，世代ごとに組織ルーチンを確定し，世代間を比較することで進化を明らかにできると考えている。

## 第 4 節　本書の課題と構成

　これまでは，序章の第 1 節，第 2 節で IMV の概要を紹介しながら，その新興国戦略を見てきた。IMV の新興国戦略は，一方で共通化されたプラットフォーム上でピックアップトラック，SUV，ミニバンの 3 車形のトラック系乗用車を開発することで利益率の高いグローバルベストなモデルを目指すとともに，他方では多種多様なサフィックスを開発して新興国の多様な自然環境や使用常識に対応するローカルベストなモデルを目指すというものであった。この戦略を実現するため，IMV は開発組織，製造組織，調達組織の従来のシステムとルーチンを活かしながら，システムとルーチンの進化も進めている。本書では，それを第 I 篇「開発」，第 II 篇「製造」，第 III 篇「調達」に分けて分析

している。その分析は，第3節の先行研究を踏まえ，主に次の三つの分野で十二の課題について行っている。

### ＜トヨタの新興国車の開発組織：第Ⅰ篇＞

まず，第1章から第3章にかけて，トヨタの新興国車開発の戦略と組織をクリステンセンの製品イノベーション論と藤本隆宏の組織進化論で分析する。トヨタおよびトヨタグループの新興国戦略は大きく四つの製品群で構想されている。その第一は本書の主な分析対象であるIMV（ハイラックス，フォーチュナー，イノーバ）による戦略である。

IMVは初代で150〜300万円，マイナーチェンジ後に180〜400万という価格帯で開発されている。その価格帯でも購入できるのは，新興国では高所得層であり，その多くが既に車を持っている人々である。したがって，その製品イノベーションは，そうした既存市場のアッパーセグメントの人々の代替え需要や増車需要に応える車を開発し，モデルチェンジでさらに魅力をアップしていく持続的イノベーションとなる。そして，そのイノベーションで価格を上方にシフトさせて，利益率を高めていくことが求められる。

本書の第一の課題は，IMVがそうした課題にどのように応えて行ったのか，その持続的イノベーションの戦略と組織を実証的に分析することである。イノベーションの戦略を実行する組織のうち，開発組織に関してはCE-Z-開発実務組織に関して，現場レベルでのシステムとルーチンを詳細に分析する。また，後述するように，その製造組織，調達組織に関しても，現場レベルでのシステムとルーチンを詳細に分析する。そして，一方では，その持続的イノベーションの成功の要因を戦略と組織の両面から分析し，他方では，その成功によってトヨタがイノベーションのジレンマに陥らないか検討する。IMVは利益率が高いと言われるトラック系乗用車であることから，持続的イノベーションの成功の度合いが大きく，だからこそ後者のジレンマに陥る懸念も大きい。そのことを念頭に置きながら，IMVの持続的イノベーションの戦略と組織を分析していく。

次に，U-IMV（トヨタ・アバンザ，ダイハツ・セニア，トヨタとダイハツが共同開発した3列シート7人乗りボンネット型ミニバン）による戦略であ

る。U-IMV は IMV とは逆に初代は 100〜120 万円程度の価格帯で開発された。その価格帯は，U-IMV の主な投入先であるインドネシアでは，軽トラベースの3列シート7人乗りのキャブオーバー型ミニバンがひしめく既存市場のローエンドであった。そうしたローエンドのセグメントに向けて，U-IMVは「キジャン（先代モデル）の中古の値段で，旧型キジャンより性能の良い新車」という構想で開発された。この U-IMV の製品イノベーションは，一方ではローエンド型のイノベーションとして大成功を収めたが，他方でトヨタの上級モデルである IMV5（キジャン・イノーバ）を破壊した。

本書の第二の課題は，この U-IMV のローエンド型の破壊的イノベーションを，戦略と組織の両面から実証的に分析することである。その際，① U-IMV と IMV5 の開発に関するトヨタの事前合理的な意図がどこにあり，② その意図に対して結果がどうであったか，③ その結果に対してトヨタが事後合理的にどう対応したかを念頭に置きながら分析を進めて行く。また，利益率が高いと見られるトヨタが，利益率の低い既存市場のローエンドで開発を進めていること，したがって，イノベーションのジレンマに陥っていないことも念頭に置きながら分析を進めて行く。

第三は，EFC（Entry Family Car，エティオス，小型コンパクトセダン）による戦略である。トヨタが単独で開発した EFC は新興国専用の小型コンパクトセダンである。本書の第三の課題は，EFC が LCV（Low Cost Vehicle）に向けたイノベーションにどの程度成功しているかを示し，今後の LCV 開発の前適応として持つ意味を明らかにする。また，ここでも U-IMV の場合と同様に，トヨタがイノベーションのジレンマに陥っていないことを念頭に置きながら分析を進めて行く。

第四は，トヨタ・アギア，ダイハツ・アイラ（ダイハツがイースをベースに開発した小型ハッチバック）による戦略である。アギア，アイラはインドネシア政府の LCGC（Low Cost Green Car）に誘導されて既存市場のローエンドでダイハツが開発したモデルである。

本書の第四の課題は，U-IMV の場合と同様に，ダイハツの LCV（Low Cost Vehicle）に向けたイノベーションがどの程度成功しているかを示し，今後の LCV 開発の前適応として持つ意味を明らかにする。また，政策による

誘導の結果とはいえ，U-IMV の場合と同様に，ダイハツがイノベーションのジレンマに陥っていないことを念頭に置きながら分析を行う。

　以上，四つの製品群のうち，IMV と EFC はトヨタが単独で開発したモデルであり，2013 年以降は，ビジネスユニットとしては新興国の担当の第 2 トヨタが担当するモデルとなっており，営業部門では第 2 トヨタ企画，開発部門では第 2 トヨタ開発が担当する方向と見られる。こうした新興国担当のビジネスユニット，営業組織，開発組織は，今後のトヨタの新興国車開発にどんな意味を持つだろうか。そのことを明らかにするのが，本書の第五の課題である。

### ＜トヨタの新興国での製造戦略と組織：第Ⅱ篇＞

　次の第Ⅱ編では，トヨタの新興国車の中でも最もグローバルに製造され販売されている IMV に焦点をあて，その製造戦略と組織を分析する。最初に，製造の分析に関する個々の論点を第 4 章で提示しておく。そのうえで，分析の大枠は，IMV の製品イノベーションを製造面から支えるプロセスイノベーションという視点から行う。

　まず，IMV の新興国を網羅するグローバルな製造組織の分業構造を分析する。IMV の製造組織はアジア，アフリカ，南米の 11 カ国 12 拠点に広がっており，地域の FTA を活用して域内分業を行うとともに，グローバル供給拠点と国内向け拠点との分業も行っている。本書の第六の課題は，こうした IMV の新興国を網羅するグローバルな分業構造を分析することである。これについては，第 5 章で分析する。

　次に，11 カ国 12 工場の現場をすべて複数回に渡って観察し，新興国拠点だけで総計 100 万台を超える IMV 供給能力，多車種多仕様混流生産の問題と解決のためのシステムとルーチンを分析する。これが本書の第七の課題である。これらについては，第 6 章と第 7 章で分析する。

### ＜トヨタの新興国での調達戦略と組織：第Ⅲ篇＞

　最後の第Ⅲ篇でも，第Ⅱ篇と同様に IMV に焦点をあて，その調達戦略と組織を分析し，IMV の製品イノベーションを調達面から支えるプロセスイノ

ベーションを明らかにする。

　まず，第8章では「外注部品の設計承認」と「原価設定・改定（準レントの分配）」のルーチンを分析する。これは，トヨタの調達ルーチンがIMVでも保持されている面を示す。これが本書の第八の課題である。

　次に，第9章ではアジアにおける系列取引と深層現調化について分析する。これは，一方の「系列調達」という面では，アジアにおいてTMCの調達ルーチンが保持されている面を示すが，他方の「深層現調化」という面ではTier1の調達ルーチンが変異している面を示す。これが本書の第九の課題である。

　さらに，第10章ではアジアでの系列取引と対比して，南アフリカ，南米での系列外サプライヤーとの取引を分析し，TMC現法の調達ルーチンが変異している面，そしてそれが調達プロセスのイノベーションとなっていることを示す。これが第十の課題である。

　第Ⅲ篇の最後の第11章では，TMC現法におけるJSP，MSP，LSPの購買管理について，内示（予測）と確定のタイミングと，内示（予測）の精度に焦点をあてて分析する。本書の十一番目の課題は，TMC現法の内示（予測）と確定のタイミングとJSP，MSP，LSPのライン側までの部品物流の流れを示すこと，十二番目の課題は南米アルゼンチンのTASAのように長距離部品輸送が必要な場合の発注タイミングと予測（内示）精度を示すことである。

　以上の課題に取り組むことを通じて，トヨタが新興国で新市場創造型のイノベーションに取り組むうえでどんな条件が既に整っており，何が残された課題なのか示すとともに，クリステンセンの理論の新興国の自動車産業での妥当性について示したい。

# 第Ⅰ篇
# IMVにみるトヨタの新興国車開発
～開発ルーチンの保持と変異～

# 第 1 章

# 開発の概要

　最初に，第Ⅰ篇（IMV の開発に関する部分）の概要を，いくつかのキーワード（次の太字）を用いて述べておく。まず，トヨタの新興国車開発の車種別の概要から順に見て行こう。

＜トヨタの新興国専用車＞
① **IMV**：Innovative International Multi-purpose Vehicle→単一の IMV プラットフォームに，**ピックアップトラック** 3 車形（IMV1，2，3，販売名ハイラックス），**SUV**（IMV4，フォーチュナー），ミニバン（IMV5，イノーバ）の 5 車形を展開。トヨタ開発。
② **U-IMV**：Under IMV→IMV5 を一回り小さくしたミニバン。販売名トヨタ・アバンザ，ダイハツ・セニア。ビルトインフレーム形モノコック構造。トヨタ・ダイハツ共同開発。
③ **EFC**：Entry Family Car→セダン。エティオス。トヨタ開発。
④ **トヨタ・アギア／ダイハツ・アイラ**：日本のダイハツ・ミラ・イースをベースにしたハッチバック。ダイハツによる開発。
　本書では，IMV の開発を中心に，U-IMV，EFC，アギア／アイラにも触れながら，トヨタの新興国車開発の特徴を明らかにする。

＜トヨタの新興国専用車開発の特徴＞
　トヨタの車両開発は，日本の本社テクニカルセンター（テクセン）内の商品開発本部（2011 年より製品企画本部）に車種ごとに設置された組織，**Z（ゼット）** が企画し，開発を推進する。
　開発実務はテクセン内の設計部，実験部，原価企画部などが担当するが，図

面の最後にZの**CE**（チーフエンジニア，詳細は後述）がサインして図面が承認される（有効になる）仕組みのため，開発現場は部門の上司とZのCEを**両睨み**しながら実務を進めている。

　この両睨みの開発方式はトヨタの全ての車種で**ルーチン**として確立している方式であり，新興国専用車であるIMVの場合も，日本の本社テクセン内の**ZB**（**IMV担当のZ**，2003に分離される前は**ZN**）と，同じく本社内の**開発実務部隊**によって開発された。

　また，**試作**についても，Pickup Truck（IMV1, 2, 3）は日本のトヨタ自動車試作部，SUV（IMV4）とミニバン（IMV5）はトヨタ車体に専用ラインを敷いて行われた。

　部品については，日本の本社技術部のZと設計部門が作成した**外設申（外注部品設計申入書）**が，新興国の現地サプライヤー宛てに送付される。これは，現地サプライヤーが日系であるか，欧米系であるか，現地系であるかに関わりない。しかし，日系，欧米系であっても，現地で開発されるケースは初代IMVでは無かったと言って良く，ほぼ全てが**サプライヤーの本国本社で開発**されていた。2015年にLOが予想される次世代でも，その基本的な傾向は変わっていない。

　以上のように，IMVでは① ボデーパネル，エンジン，トランスミッション，サスペンションなど主要部品の設計，② それらの試作，③ 外注部品の設計など，「**設計情報の創造**」（藤本［1997］）のうち，①と②は**日本に集中**して行われた。また，外注部品についても，日系サプライヤーの比率が高いアジアでは日本に集中，欧米系サプライヤーの比率が高い南アフリカ，南米では欧米に集中し，いずれにしても，その**現地化**は進んでいない。

　ただし，IMVの場合，第一世代のLO後に**TMAP-EM**がタイに設立され，開発実務の一部を担うようになっている。実際に，2008年と2011年のマイナーチェンジでは，バンパー，ラジエーターグリル，ランプなどの簡単なものとタイ独自仕様部分はTMAP-EMのタイ人スタッフが自前で設計しており，開発能力の現地化が始まっている。

## ＜設計のファブレス化と製造のファウンドリー化＞

　以上のように，設計は日本に集中しているが，逆に，製造は新興国の現地に集中している。IMVは全量が新興国で製造されており，日本にはマザーラインが置かれていない。開発に必要な試作ラインはTMC技術部とトヨタ車体に敷かれるが，実際の製造ラインは新興国だけに置かれている。

　したがって，日本での設計（設計情報の創造）はファブレスで行われており，製造（**設計情報の転写**）は，半導体産業の**ファウンドリー**のように，**新興国の工場で集中**的に行われている。

　ただし，IMVの製造工場はいずれも日本のトヨタ本社に垂直的に統合された子会社であり，ファウンドリーのように他社の製品を製造するわけではない。設計情報の転写に専念しているという意味でファウンドリー的なのである。

## ＜開発ルーチンの保持と生産準備ルーチンの変異＞
## ～これをセットで他の新興国車に横展開～

　以上のように，IMVの場合，新興国専用車といっても，開発のルーチンは日本にも投入されるグローバルカーと同じであり，これまでのトヨタの**開発ルーチンが保持**されている。

　しかし，開発はファブレス，製造はファウンドリー的に行うことで，設計情報の創造（構想）と設計情報の転写（実行）が分離されている。これは，トヨタの**組織構造**が変化した面である。

　こうした構想と実行の分離に伴い，国内で全く生産していない新規プラットフォームを海外で立ち上げることになり，**生産準備ルーチン**に変異が生じている。

　**生産準備ルーチンの変異**の内容は，設備の選択，行程設計などの生産技術活動を現地から分離して日本で行うため，①生産技術情報のデジタルデータを現地に持ち込めばラインが組めるまでの**生産技術活動のデジタル化**，②その検証のための**試作ラインの日本設置**（IMV1，2，3はTMC技術部と4，5はトヨタ車体），③現地LO前の**生産技術要員の出張での大量派遣**である。

　こうした二つの側面，すなわち，①新興国専用車も先進国車と同じルーチ

ンで開発, ② 設計情報の創造と転写の分離（組織構造としての構想と実行の分離）に伴う生産準備ルーチンの変異は, 両者がセットで後続の新興国専用セダンEFC（エティオス）にも横展開されている。

また, 後者の構想と実行の分離による生産準備ルーチンの変異は, トヨタとダイハツの共同開発・新興国専用車U-IMV（トヨタ・アバンザ, ダイハツ・セニア）でも横展開されており, 新興国専用車の生産準備ルーチンとして定着している。

### ＜持続的イノベーションで開発されてきたトヨタの新興国車＞

IMVは**Affordable Car**として開発されたことから, **LCV（Low Cost Vehicle）**のような低価格ではないものの, LO（2004年）当初はリーズナブルな価格ゾーン（150～300万円）に投入された。しかし, リーズナブルとは言っても**先進国車と同様の価格水準**であり, LO時からIMVには先進国車と同様の技術が投入され, 現地ニーズに愚直に対応した高付加価値が追求されていた。

さらに, 2008年, 2011年のマイナーチェンジで, 各国の法規規制（排気ガス等）の対応, local best対応等の持続的イノベーションが実施され, 現地の経済成長に伴うインフレーションとも相まって, IMVの価格帯はLO（2004年）時の150万～300万から**180万～400万**に上方へシフトした。特に, 主力モデルのDキャブ（IMV3）, Fortuner（IMV4）, Innova（IMV5）は富裕層向けの**luxury Car**セグメントに移行している。この価格水準であれば, 先進国車と変わらないレベルの**持続的イノベーション**が可能であり, 実際に行われている。

U-IMV（トヨタ・アバンザ／ダイハツ・セニア）の場合も初代で100～150万, MC後で140～190万円前後であり, EFC（エティオス）はそれに比べると低価格だが, それでもインドで100万円, インドネシアでは130万～160万円である。トヨタ・アギア／ダイハツ・アイラもLCGCの認定を受けて100万円程度である。

IMV, U-IMV, EFCは新興国専用車ではあるが, 上記のとおり先進国と変わらない価格設定のため, 日本の本社の商品開発本部（現在の製品企画本部）

で，先進国車と同じルーチンの組織（Ζと実務組織）で開発できた。ダイハツ単独開発のアギア／アイラも同様である。

そのイノベーションは先進国車と同様，アッターバック［邦訳1998］の言う**持続的（Incremental）**イノベーションであり，モデルチェンジを機会に高付加価値化が進み，価格帯が上方にシフトしていった。

### ＜第2トヨタは新興国課題の窓口＞

2013年4月1日の組織改編で，第1トヨタ（先進国担当）と第2トヨタ（新興国担当）が新しいビジネスユニットとして設置された。第2トヨタは現場レベルでは，営業部門に第2トヨタ企画と，開発部門に第2トヨタ開発が設置される組織改編であった。営業部門の第2トヨタ企画は，中国・豪亜中近東，アフリカ，中南米の新興国を担当し，「新興国で括った課題」に取り組む組織となっている。

これに対して，開発部門の第2トヨタ開発は，Ζを製品企画本部直轄としたうえで，開発部門を先進国担当の第1トヨタ開発と新興国担当の第2トヨタ開発に分割してできた組織である。これに加えて，技術担当副社長－新興国地域担当部長－地域担当主査（南米，南ア，ASEAN，中国などに各1名）の小さなライン組織が作られた。

ただ，設計，実験等の開発実務組織が第1トヨタ開発（先進国担当）と第2トヨタ開発（新興国担当）に分割されたわけではない。このため，新興国車の開発であっても，これまで通りのルーチンで進められていると見られている。

以上が第Ⅰ篇の概要である。では，IMVの開発について具体的に見て行こう。

# 第 2 章

# トヨタの開発ルーチンと新興国車 IMV の開発ルーチン
〜設計情報の創造に関するルーチンの保持と変異〜

　第 2 章では，IMV の開発組織を次のように分析していく。IMV は，TMC 本社テクニカルセンター内の商品開発本部（2011 年 9 月よりに製品企画本部に組織改正）に設置された細川薫 CE（Chief Engineer）を中心とする IMV 開発チーム（ZB ゼットビー）が開発実務組織（設計／実験／原価企画）を横串にして企画・開発された。この開発組織を対象に分析する。細川 CE の ZB 在任期間は 2002 年（1 月に主査，6 月に CE）から 2011 年 8 月までの 10 年間で，IMV の LO（2004 年）に向けた開発，LO 後のサフィックス開発，マイナーチェンジ（2008 年と 2011 年）の全てを担当した。開発組織の分析では細川 CE についても言及する。

　IMV の開発は日本にマザーラインを持たない海外専用車としての特徴を持っている。すなわち，TMC は企画・開発（LO までの部分，設計情報の「創造」）に集中してファブレス化し，現地法人は生産（設計情報の「転写」）に集中してファウンドリー化[30]するという特徴である。本書では，この「構想」と「実行」の組織的分離を対象に，その実態と意味を分析する。

　TMC とサプライヤーの関係では，TMC が外注部品設計申入書（外設申）を出し，Tier1 サプライヤーの本社が設計を行い，TMC が承認する一方で，製造は現地法人に集中する「構想」と「実行」の分離が見られる。これについても，その実態と意味を分析する。

　なお，トヨタの主査制度による開発の仕組みについては安達瑛二［2014］の

---

30　ただし現地工場は TMC に垂直統合されたままであり，半導体産業のようにファウンドリー専業として分離されていないし，また分離する方向も出ていない。

詳細な紹介がある。また，CE制度によるそれについてはClark, K. B. and Fujimoto, T.［1991］による詳細な分析がある。さらに，石井真一［2013］が，トヨタの米国及び欧州専用モデルの製品企画と開発を対象に，開発（製品企画，開発）における日本TMCと欧州／米国のテクニカルセンターの間の機能分担，責任区分，権限委譲に関して分析している。本書は，それらも踏まえたうえで，近年のIMV開発組織を分析していく。

## 第1節　開発組織のルーチンの保持と変異

＜トヨタにおけるLOまでの流れと開発組織のルーチン＞
　一般的に，トヨタにおける企画・開発からLOまでの流れは以下の通りである。
　【商品企画】（デザイナーも市場トレンド調査に参画し，ターゲットにする購買層の把握，販売目標，販売価格などを検討）→
　【製品企画】（性能目標の設定，仕様装備の設定，どの要素技術を用いるか，どの開発組織が担当するか，どの工場で生産を行うか，どの部品を外注するか，製造原価はいくらくらいになるかなどを検討）→【CE構想】→
　【製品開発（設計・実験・原価企画）】→【生産技術の関与（工場で作りやすい設計提案＝コンカレントエンジニアリング[31]）】→【原価企画の関与の本格化】→
　【量産金型発注】→【金型・設備・治具の調達完了】→【作業標準作成】→
　【先行量産】→【LO】。
　トヨタの企画・開発はこの流れで進む。この流れが，トヨタで開発という業務を遂行するルーチン（トヨタの製品開発組織のルーチン）である。このルーチンは，トヨタのすべての開発組織で繰り返されており，IMVの開発でも同様である。

＜開発の各段階と組織＞
　この開発の各段階に，下記のような組織が関与している。

---
31　設計の技術者（設計技術）と生産の技術者（生産技術）が同時並行的に進めて行く開発法である。

商品企画の段階：商品企画部，製品企画部（Z・CE），営業企画部がCEイメージを練り上げていく。LOから5年前〜3年前くらい[32]。

製品企画の段階：上記にエンジニアリング，調達，原価企画の要素を加味。LOまで3年程度〜2年前くらい。

製品開発の段階：製品企画部（Z・CE），設計，実験，原価企画，生産技術，調達の各部門。LOまで2年程度。

なお，本書では，こうした商品企画・製品企画・製品開発のプロセスを総称するときは「開発」と呼び，それを担う組織を「開発組織」と呼んでいる。実際にも，トヨタでは開発組織であるZ（ゼット）のCEが商品企画・製品企画・製品開発のすべての段階を主導しており，企画・開発が，プロセスとしても，組織としても，一貫したものになっている。

この流れの中でも，トヨタの場合は製品開発の段階に独自のルーチンが確立しており，トヨタの競争優位となっている。

### ＜トヨタの製品開発組織〜Zと開発実務組織〜＞

トヨタの製品開発組織は，① 車ごとに企画・開発を統括するZ（ゼット）と呼ばれる組織と，② 設計，実験，原価企画の実務を担当する組織の，二つの組織の協力（分業に基づく協業）で全モデルが開発されている。

この二つの組織は，その機能から見れば，① Zは，設計部門の中に，自分たちが開発するモデル，たとえばIMVを開発する設計者の横串組織を作る，いわば，「車（くるま）軸」（Z軸）を担う組織，② 後者は，たとえば設計では大きく五つ（ボデー，シャシ，エンジン，駆動系，電子技術）に大別される設計組織に所属して設計実務を行う，いわば，「開発実務軸」（設計/実験/原価企画軸）を担う組織である。この二つの組織の所属先は組織改定でしばしば変更されるが，Zと実務組織が協力して開発が進むことに変わりはない。

このように，車種ごとに設置されたZが，開発実務を担う縦割り組織を横串にして開発を進めるのが，1950年代のクラウン，コロナから現代まで長期

---

[32] 近年は，ZAD（Z Advance）も商品企画段階に参画しているが，その本来の機能は将来企画のシナリオ作り，役員を含めた「議論の場の運営」が主である。しかし，既存のモデルについては依然Zが主導している。

にわたり，全ての車種で行われているトヨタの製品開発組織のルーチンである。

### ＜トヨタのZ（ゼット）＞

Zは，新車の新規開発やモデルチェンジ（社内用語でマルモ）やマイナーチェンジ（マルマ）の際に，開発する車種ごとに開発を主導する組織である。アルファベットの最後がZであることから，車両の開発に最終責任を負うという意味で，こう呼ばれている。

Zは開発する車両ごとに組織されるため，ZE（ゼットイー，カローラ担当），ZK（ゼットケー，エティオス担当）などZで始まる二文字で命名されている。

組織としては開発ごとの設置ではなく，旧来のZを継承して開発が行われる。IMVの場合，1960年代に初代が開発されて以来引き継がれてきたハイラックスの開発組織ZN（ゼットエヌ）で1999年に企画・開発がスタートした。その後，2003年の組織改定でZB（ゼットビー）として分離され，今日に至っている。

### ＜CE（シーイー）＞

Zには，そのリーダーとしてCE（Chief Engineer）が1名置かれる。その役割はこうである。

トヨタの設計の標準作業の流れ（業務遂行ルーチン）は，その最後にCEが署名して完了する。最後にCEが署名して，はじめて図面として成立するのである。

このことは，CEがトヨタの設計図面の最終決定権者であることを意味している。言い換えれば，CEは車の具体的な姿を最終的に決める役割を果たしている。

これらは，IMVに限らず，トヨタの開発で標準的に行われている，トヨタの開発の業務遂行ルーチンである。

CEが署名する設計図は1車種当たり1千枚程度のオーダーである。CEは，部長と同格（トヨタでは基幹職1級）として処遇されている。

以下，これが IMV でどうだったのかを具体的に見て行く。

## 第2節　TMC の開発組織のルーチンを「保持」している部分

### ＜IMV の開発組織でのルーチンの保持と変異＞

　こうした開発組織のルーチンがトヨタの内部環境である。その基本は IMV でも変化していないが，構想と実行の分離（組織構造の変化）に伴い，生産準備ルーチンが変異している。ここで，LO 前の活動全体を「開発」という言葉で括れば，生産準備ルーチンの変異も大きくは開発過程におけるルーチンの変異である。これは，ダーウィン・フィンチの嘴（表現形の一部）が外部環境の変化に応じて変異・選択されるのと同様に，LO 前の活動の一部に生じた変異・選択である[33]。

　IMV の場合の外部環境の変化は，21 世紀に入った新興国市場の抬頭，WTO の TRIM 新興国適用によるグローバル化，AFTA，メルコスールなどの地域統合，それらに対応した新興国専用車の開発の必要性の高まりである。

　とはいえ，生産準備を除いた LO 前の活動，IMV の開発組織のルーチンは，他の車種の開発組織のルーチンと同様である。そこでまず，それまでの開発組織のルーチンを保持している部分（変異していない部分）から見ていこう。まず，Z についてである。

### ＜IMV における LO までの流れと開発組織＞

　IMV の開発から LO までの流れを Z を中心に見ると以下のとおりとなる。なお，IMV の開発は U-IMV と並行して進められたので，U-IMV の開発に関する事項をイタリックで表示してまとめておく。

---

[33] ガラパゴス島の小鳥，ダーウィン・フィンチでは，環境変化によって食べられる「餌」（葉，種，つぼみ，幼虫，昆虫など）が変化すると，嘴の形状が僅かに進化することが観察されている。たとえば，池内正幸［2010］94 頁を参照。本書では，自動車の LO 前の活動のルーチンも，ダーウィン・フィンチの嘴の場合と同様に，環境の変化に応じて変化していくと考えている。ただ，生産準備ルーチンの変異は，ダーウィン・フィンチの嘴の変異より大きな変異であり，その程度に違いがある。

1999 年 9 月：
　　商品企画部（髙梨建司氏，井上孝雄氏），製品企画部（久保田知久雄 CE）で IMV のタスクフォース設立[34]。商品企画から製品企画まで。

2000 年～2001 年：
　　ZN（IMV 担当の Z）の久保田 CE を中心に IMV の CE 構想を策定。

*2001 年 1～12 月：*
　　*U-IMV の商品企画→2001 年 1 月：TD 合同委員会設立を設立し，T（トヨタ）と D（ダイハツ）の双方から CE を出して共同開発。T 側は細川薫氏が CE として参画。*
　　*細川氏は 2002 年 1 月に ZN に異動（→2003 年 12 月：U-IMV の LO）*

2002 年 1 月：
　　ZN（IMV 担当の Z，2003 年に ZB に名称変更）の主査として，細川薫氏が異動。半年後に IMV の CE に就任。その後の流れは TMC の一般的ルーチンと同じく，ZB と開発実務組織の両睨みで進む。ただし，開発と生産は日本と新興国に分離された。

2004 年 8 月：
　　タイで LO，続いてインドネシア，南アフリカ，アルゼンチンの輸出 4 拠点とインドで LO。

この商品企画→製品企画→製品開発→LO の大枠の流れはトヨタの他の車種と同じ業務遂行のルーチンで行われている。

### ＜Z の組織と規模＞

CE には，CE を補佐する主査が 2～3 人付いており，主査の下には課長級のスタッフが付く。Z のメンバーはベテランが多く，係長級以下の若手はごく少数である。

しかし，一つの Z（特定の車の Z）に所属する人数は，通常のプロジェクトの開発ピーク時で 10 人程度，IMV のような重量級プロジェクトでも開発ピーク時 25 人程度である。

---

34　詳しくは小川紘一［2014］第 5 章を参照。

Zの規模は開発の時期に応じて増減がある。IMVの開発組織であるZBの場合，ZN名であった2002年は10名程度，ZBになって2003～2004年にかけて，開発が佳境になるにつれて，20～25名に増員された。二度のマイナーチェンジを終えた後，細川CEの退任する2011年は15名程度であった。

この規模のZで，通常のプロジェクトで1車種あたり700～800人程度の開発実務組織を車（くるま）軸で横串にしている。この人数はTMC本体の人数であり，部品メーカーを含めると開発実務組織の人数はさらに増える。

IMVの場合は3車形5ボデータイプの合計で日本に2千人，海外に5百人，合計2千5百人が開発実務に参加していると発表されており[35]，これをZBが横串にしている。

### ＜設計図を図面として成立させるルーチン＞

トヨタで設計図を図面として成立させる手順。手順は何百回も繰り返されるルーチンワークそのものである。具体的には以下の通り。

すべての設計図は1枚1枚に関係者のサイン欄がある。サイン欄は，担当者（設計者本人），係長，室長，部長（以上，開発実務組織のメンバー），製品企画部に分かれている。

製品企画部のサイン欄は一つだが，そこにCE（部長級）と主査（次長級），またはCEとZの「主担当員」（課長級）の2名がサインする。図面によってはCEと若手の「担当員」（係長級）の2名でサインすることもある。いずれの場合も，他のサインが全て済んだあと，CEが最後にサインし，このCEのサインで設計図が図面として成立する。

CEがサインする図面の数が，IMVの場合，3車形5タイプの合計で2000～3000枚のオーダー（1車形だとこの三分の一くらい）で，細川薫氏によれば，多い日は1日に100枚（＝100回）程度サインしたそうである。CEがサインするごとに図面が1枚1枚成立してく。作業そのものは文字通りルーチンワークである。

---

[35] トヨタ自動車「IMV販売累計500万台達成」会見（2012年4月6日）のプレゼン資料による。

## ＜CE構想を設計図で実現＞

　企画段階でCE，営業企画部，商品企画部，技術役員メンバーも加えて練り上げた商品企画を，原価企画やエンジニアリング的要素も加えて製品企画としてまとめたのがCE構想である[36]。そのCE構想を図面に落としていくのが設計であり，その図面の決定権をCEが持つことで，開発の主導権をCEが握る。

　CEによる図面のサインはルーチンに繰り返されるが，その都度，CE構想が図面に反映されているか，チェックされる。CEが不十分と判断すればサインされず，再検討となる。

　現場の設計者や上司はそのことが分かっているので，CE構想やCEの指示を反映した図面の作成に努めることになる。CEを睨むというのは，このことである。

　そのことも含めて，ルーチンとして繰り返すことで，CE構想が実現していく，たんなる良くできた設計図ではなく，商品企画や製品企画の意図が反映した設計図ができる。これが両睨みの意義であり，CEが重量級プロダクトマネージャー（藤本隆宏［1997］など）である所以である。

## ＜ルーチンだが創造的，ルーチンだから創造的＞

　一般に，ルーチンワークは同じことの繰り返しと考えられており，創造性の対極にあるとみなされている。

　しかし，CEのサインは車の構想を1枚1枚の設計図に落としていく作業であり，その繰り返しが設計情報を創造していく，あるいは構想を実現していく，創造的な活動である。

　むしろ，サインがルーチンに繰り返されるからこそ，縦の組織の現場がCE構想を常に意識するのであり，そのことで，マイクロな現場レベルの創造性が引き出される。

　その意味では，CEのサインによる図面の有効化は，ルーチンワークとして行われているからこそ，創造的なのである。

---

36　この他，役員を含めた議論の場づくりを行うZAD（Z Advance）が参加している。

### ＜IMV の CE：細川薫氏＞

　IMV の CE には細川薫氏が就任した。在任は 2002 年 1 月に ZN の主査，2002 年 6 月に CE となり，2011 年 8 月まで全体で約 10 年間である。経歴は以下の通り。

　1979 年，トヨタ自動車（株）入社。商用車のシャシ設計を担当後，1989 年から 1992 年にかけて，ベルギー・ブリュッセルのテクニカルセンターに駐在。

　1996 年から 2000 年末にかけて，北米向けのフルサイズ SUV：Sequoia セコイアの製品企画を開発組織 ZN の主査として担当。セコイア（SUV）はタンドラ（PU）と PF を共通化したトラック系乗用車であり，同じことが IMV ではフォーチュナー（SUV）とハイラックス（PU）として再現された。

　また，セコイアとタンドラは北米専用車のため日本にマザーラインが無いが，企画開発組織（ZN）は日本に置かれ，開発実務も日本で集中的に行われた。この点も IMV と同様である。細川氏は米国に駐在せず，日本で開発を行った。このトラック系乗用車，海外専用のそれの開発経験が IMV に生かされることになった。

　2001 年 2 月にトヨタとダイハツの U-IMV（Under IMV，トヨタ・アバンザ，ダイハツ・セニア，ASEAN 専用ミニバン）共同開発プロジェクトが発足し，トヨタ側 CE として参画した。この ASEAN 車の開発経験も IMV に生かされていく。この U-IMV の CE を同年 12 月まで続けた。

　その後，2002 年 1 月に IMV を担当する ZN へ主査として異動し，2002 年 6 月から 2011 年 8 月まで IMV プロジェクトの CE として在任した。投入市場がインドネシアをメインとした ASEAN 諸国という点で IMV5 の開発と密接に関連する U-IMV の CE の時期も含めると，1999 年から始まった IMV の商品企画模索期を除いて，IMV の企画・開発の最初から LO，サフィックス開発，マイナーチェンジまでの全期間を主導した。文字通り IMV の生みの親であり育ての親である。

　また，セコイアの時と同様に，生産国に駐在することなく，IMV の CE 在任の全期間を通じて，日本で開発を主導した[37]。

---

37　なお，タンドラ，セコイアは米国インディアナ工場で製造され，田原工場がマザーライン無きマザー工場（駐在員の派遣元，製造，品質管理の指南役）になっていた。

なお，細川氏の肩書はCE（Chief Engineer）→ECE（Executive CE）→CEと変遷したが，氏の役割に変わりは無かった。

2012年4月より2014年3月31日まで住友ゴム工業に出向し，2014年4月1日，トヨタ自動車を定年退職した。

以下，細川CEに主導されたZBと，それに横串にされた開発実務組織について見ていく。まず，他の車種の開発とも共通する部分を見た上で，次にIMVに固有の内容について見ていこう。

### ＜縦割りの開発実務組織＞

まず，IMV以外の開発にも共通するZと開発実務組織の関係から見ていこう。Zは設計図の決定権を握ることで開発の方向をリードするが，自らは設計などの開発に関わる機能を持たない。それらは，機能別に縦割りされた開発実務組織が担っている。

開発実務組織は，設計からLO（Line Off）に至る開発過程の実務を担う組織で，①設計の5分野（ボデー，シャシ，エンジン，駆動系，電子技術），②実験部門（強度，衝突，走行安定性，振動騒音，熱など），③原価企画部門，④調達部門，⑤生産技術部門に大別できる[38]。

それぞれの部門には，部長が配置されている。設計ではボデー，シャシなどの5分野それぞれに部長が置かれており，設計全体を統括する部長はいない。そのため，各分野の部長がZのCEに対して直接に対応する。部長の処遇は基幹職1級で，CEと対等である。

部長は，設計現場のスタッフを人事権（人事配置，勤務評価，給与査定などの権限）で統括しており，どのモデルのZに，①何人のスタッフを配置するか，②誰を配置するか，③製図の進捗や出来栄えの評価，④給与査定を行っている。

### ＜Z（CE）による横串の範囲①＞

Zは開発実務組織を横串にしているが，ZのCEの管理スパン（決裁権の及

---

38 なお，トヨタの実際の部門名は組織改正でしばしば変更されるため，上記は実際に存在する部門名ではなく，機能で部門を表現したものである。後述の「営業部門」も同様。

第 2 章 トヨタの開発ルーチンと新興国車 IMV の開発ルーチン　45

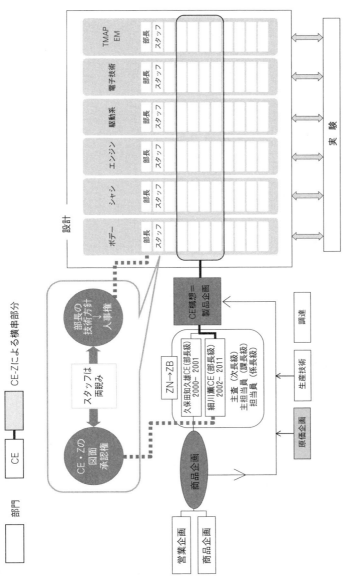

図 2-1　細川薫 CE-ZB による開発実務組織の横串

(注) 久保田 CE が「CE 構想」を作成し、交替した細川 CE が開発実務部隊を横串にして「CE 構想」を図面にしていった。このため設計のスタッフが「両脱み」したのは細川 CE と部長である。
(出所) 筆者によるトヨタ関係者からのヒアリング結果をまとめた。

ぶ範囲）に入っているのは設計，実験，原価企画までで，生産技術，調達はその外となっている。したがって，Zが直接に横串にしている組織は，設計，実験，原価企画ということになる。

しかし，製造現場でのつくり易さを図面に反映するため，設計と生産技術の摺り合せが行われており，生産技術サイドの注文を聞くとき，逆にCE，あるいは設計から注文を出すとき，CEが同席している。

また，設計上，大規模な投資が必要になる場合などでは，生産技術と役員の会議体が設置される。そこにはCEも出席し，CEが役員への説明，説得の中心になる。このような形でCEは，生産技術とも関わっている。

### ＜Z（CE）による横串の範囲②＞

調達とは，①調達が仕入先を変更する際，その部品に新たに開発要素が加わる場合はCEの同意／了解が必要なこと，②CEからさらなる原価低減を要請する場合，③CEの企画した価格にならない場合などはCEが同席するなど，CEは調達とも深く関わっている。

以上のように決裁権は及んでいないが，Z（CE）は生産技術，調達とも連携している。

### ＜CEの「決定権」と部長の「技術方針」の「両睨み」～重量級プロダクトマネージャーの内実～＞

それでは，こうした縦割組織を横串にするZが，縦割組織の設計現場で機能する仕組みを見て行こう。

開発の中心である設計現場のスタッフは，設計図の最終決定権をCEが持っているため，CEの開発構想を念頭に置きながら設計を進める。しかし，CEは設計部門のスタッフに対して人事権を持たない。CEが人事権を持つのはZのメンバーに対してのみである。

設計現場のスタッフに対する人事権，例えば，IMVの設計に誰を配属するかを決める権限は設計の部長が持っている。Zが縦割りの開発組織を横串にすると言っても，横串に誰を配属するかは設計の部長が決める。さらに，ボデー，シャシ，エンジン，駆動系，電子技術のそれぞれの部長は，それぞれが

担当する部の「技術方針」を持っている。その技術方針を尺度にして，出来上がった設計図の評価が行われ，その評価に基づいて現場のスタッフの人事評価が行われる。技術方針を決定するのも，それに基づいて現場の開発スタッフの人事評価を行うのも各部の部長である。

さらに，決定権を担うZのCEと，人事権を担う設計（部長の技術方針を尺度とする図面の評価と，それをベースにした人事評価）を担う設計のそれぞれの部長は，社内での処遇も共に基幹職1級（常務役員の一つ下の職位）で同等であり，この2人が横と縦から開発の現場に働きかける。

その結果，トヨタの車両開発は，開発現場のスタッフがCEの「決定権」と部長の「技術方針」を「両睨み」しながら進められる。これにより，顧客志向が現場に浸透する一方で，開発の合理性もまた現場で確保される。

この両睨みによる開発は，トヨタのすべてのモデルで実施されており，トヨタの開発組織のルーチンとなっている。

ZのCEは藤本隆宏［1997，2003b］の言う重量級プロダクトマネージャーに相当すると考えられる。ここでの「重量級」の意味は，トヨタの場合，ZのCEが，① 開発現場で設計の部長と人事面で対等であること，② 設計の部長が持たない図面の最終決定権も持つこと，③ それらにより，縦割りの開発実務組織をモデルごとに横串に束ねる権限を持つことである。

### ＜縦割りを横串にする意味〜クルマの開発と顧客ニーズの反映〜＞

縦割の開発実務組織をZが横串にするのは，各分野の設計者を集めてクルマを開発するためだけではない。営業部門が掴んでいる顧客のニーズを開発に反映させるためでもある。

トヨタの設計部門は，ボデー，シャシ，エンジン，駆動系，電子技術の5分野に分かれており，クルマの開発には横串が必要であるが，それだけなら軽量級である。

それが重量級と呼ばれるのは，その横串が顧客ニーズを反映したクルマづくりを担っているからである。

### ＜Zと営業部門＞

営業部門は，開発実務組織の外側にある縦割組織だが，設計が始まる前の企画段階では，営業部門の中の企画部隊（営業企画）が，商品企画部門，Z＝CEとともにタスクフォースを形成し，商品企画を進める。設計段階以降も，Zを通じて顧客ニーズを開発に反映させていく。

### ＜「創造性」と「効率性」の両睨みによる開発＞

このように，ZのCEは顧客のニーズに適合した車を開発する使命を担っており，設計，実験，原価企画の各部門はそれを効率的に実現する使命を担っている。

言い換えれば，ZのCEはニーズにあった新しい車を開発する「創造性」を体現しており，開発実務部門はそれをスムーズに実現していく「効率性」を体現している[39]。

したがって，設計，実験，原価企画の現場スタッフが，CEと部長を両睨みしていることは，現場のマイクロなレベルまで，「顧客が求める車」という軸（Z・CE軸）と，「早く，確実な開発」という軸（実務軸）の両方が浸透していることを意味する。

これが，CEが「重量級プロダクトマネージャー」である所以である。

以上が，IMV以外の他の車種にも共通するZと開発実務組織の関係である。次に，IMVにおけるZBと開発実務組織の関係を見ていこう。

### ＜「ZBが所属する組織」と「CE呼称」の変遷＞

2002年1月～2003年6月：商品開発本部・第3開発センター・ZN・CE (Chief Engineer)。車両の開発センターは第1から第3まで。

---

[39] もちろん，開発実務部門も，新しいシステムの開発，新しい部品の開発という意味で「創造性」を発揮している。この「創造性」こそ開発実務部門のモチベーションの源である。

ここでいうZの「創造性」と実務組織の「効率性」の対比は，Zが企画したコンセプト（「構想」）を，開発実務部門が効率的に図面に落としていく（「実行」していく）流れから述べたものである。

こうしたZの「構想」と実務部門の「実行」の結果として設計情報が図面として「創造」されると，これが製造部門で素材に「転写」されていくのである。

2003年6月～2008年6月：同前・第1トヨタセンター・ZB・ECE (Executive Chief Engineer)。車両のセンターの区分は，レクサス，第1 (FR)，第2 (FF)。

2008年6月～2010年6月：同前・トヨタ商用車センター・ZB・CE。車両のセンターの区分は，レクサス，第1乗用車（FR），第2乗用車（FF），商用車。

2010年6月～12月：商品開発本部・トヨタ第3開発センター・ZB・CE。車両のセンターの区分は，レクサス，トヨタ第1開発，第2開発，第3開発。

2011年1月～2013年3月：商品企画本部・第1センター・ZB・CE。センターの区分は第1と第2。

2013年4月～現在：製品企画本部（直轄）・ZB・CE。

### ＜ZBの容れ物は変わってもルーチンは変化せず＞

前述のとおり，IMVの開発組織ZBは商品開発本部内で所属するセンターがしばしば変更されている。近年では，商品開発本部が製品企画本部に組織改定され，センター制が廃止されて，本部長直轄になるなど，ZBが入る大きな容れ物も変化している。

しかし，開発組織の業務遂行ルーチン，すなわち，① 車種ごとに設置されたZが開発実務を担う縦割り組織を横串にして，ZのCEが設計の最後に署名して設計図が完成する，② 開発現場のスタッフがCEの「決定権」と部長の「技術方針」を「両睨み」しながら開発を進める，この二つのルーチンは，新興国専用車のZでも同様であり，Zの容れ物が変わっても変わっていない。

### ＜CEとSE＞

これまでは，トヨタの社内での開発ルーチンについて見てきた。しかし，車両開発には，社内で行う構造設計や内製部品の開発だけでなく，社外に外注する部品の開発も必要である。

トヨタの社外外注は，① トヨタ自身が設計した図面を用いて外注先で生産してもらう，そのため「トヨタが設計した図面を外注先で使ってもらう」という意味での「貸与図方式」と，② トヨタは部品の「仕様書」だけを書き，部

品メーカーが設計図面を書いて，その図面をトヨタが承認する「承認図方式」の二つがある。この二つの方式は，トヨタに限らず，日本の自動車メーカーに一般的な方式である。

そのうち，承認図作成のプロセスは，トヨタの設計部門が外注先（サプライヤー）宛てに「外注部品設計申入書」（略して外設申）を発行するところから始まる。外設申は，外注する部品の要求スペックが数字，文章で書かれた書類と，形状を書いた添付図から成る「仕様書」であり，部品メーカーはこの外設申に基づいて設計を開始する。

外設申は，その部品を実際に製造するメーカー宛てに発行される。したがって，日系部品メーカーに発注する場合であっても，その日本本社宛てではなく，現地子会社宛てに発行される。

南米，南アなど，欧米系メーカーへの発注が多い地域でも，外設申の発行先はあくまで南米，南アで実際に部品を製造する現地子会社である。

しかし，日系であれ，欧州系であれ，部品メーカーは現地子会社が設計することは稀で，殆どの場合は本国本社（多くが日本）で設計され，それをトヨタのZ（CE）で承認する。

その例外が，初代IMVのLO後にタイに設立されたTMAP-EMである。その設計から図面承認に至るプロセスを，タイのトヨタ関係者，サプライヤーの取材から得られた事実を再構成して示してみよう。

タイで製造されているカローラ，ヴィオスの設計については「Z機能」が分与されており，TMAP-EM内で設計，図面承認が完結している模様である。ただ，TMAP-EMが設計しているのはカローラ，ヴィオスのタイ独自仕様部分が中心で，グローバルな仕様部分は日本のトヨタの設計部門が行い，日本のZ（CE）が図面にサインして承認を行っている。こうしたカローラ，ヴィオスの設計・承認プロセスは，IMVの場合ではどうだろうか？

タイでの関係者からの取材によれば，TMAP-EMの設計能力は，IMVのタイ独自仕様部分が開発できるだけではなく，バンパー，ラジエータグリル，ランプ，そしてアクセス・ドア（IMV2の後席用ドア）まで自主開発できるレベルに達している。

それに加えて，TMAP-EMは現地サプライヤーに外設申を発行する機能も

持ち，さらに調達機能もあるため，自前でサプライヤーに図面の情報展開するまでになっている。社外に情報展開しているのだから，IMVの場合でもカローラ，ヴィオスと同様に，図面承認がタイのTMAP-EMで完結しているように思われる。そこで，この点に関して細川薫氏に取材を行った（2011年11月21日）。以下は，細川薫氏の説明である。

「そうなんです。この点をTMAP-EMの開発組織とZBの間にまたがる大事な課題，と認識しています。2008年，2011年の2回にわたるマイナーチェンジを経験してTMAP-EMの守備範囲は確実に拡大しています。所謂，図面を作成する力です。

となると，後工程への図面情報の展開の観点では，当然，現地で承認されるべきですが，まだIMVのZ機能はご承知の様に日本のトヨタにあります。

将来は，TMAP-EMにZ機能が設置されるべきと考えられますが，今は，過渡期にあると認識しています。今回の（2011年の）マイナーチェンジに向けての開発では，TMAP-EMから図面の電子データが日本に送られ，そのコピー図面をZが承認していました。図面データ搬送，承認行為において若干の時間を要するのですが，そこは，TMAP-EM設計者がサプライヤーも含めた後工程に事前にうまく情報展開することにより，時間ロスをリカバリーしていたはずです。」

以上のように，IMVの図面には日本のZの承認が必要なため，タイだけでは設計図が完結しないようである。これは，カローラ，ヴィオスの開発内容がタイ現地仕様の開発に留まるのに対し，IMVはタイがグローバル供給の拠点であるため，TMAP-EMにZ承認機能を持たせると，グローバル仕様の開発と言う意味まで持つことと関連していると見られる。グローバル仕様はやはり日本のZ（CE）の承認が必要ということであろう。

こうした，日系や欧米系のサプライヤーの他に現地系のサプライヤーに外設申が発行される場合がある。

このケースは，日系の進出が進んでいるアジアでも，南アや南米のように欧米系への発注が多い地域でも，いずれも一定の割合で存在する。

現地サプライヤーに外設申を出す場合は，その前に SPTT（Suppliers' Parts Tracking Team）活動が日本のトヨタの設計，調達を派遣して，あるいはトヨタ現法の技術，調達によって実施される。

これは，「ほんとうにこのメーカーで良いか」との観点で品質管理，納期管理を確認する作業である。これで OK が出た現地系サプライヤーに外設申が出る。

ただ，現地系サプライヤーは設計能力が十分でない場合もあり，その場合は日系サプライヤーと現地系サプライヤーが T/A 契約を結び，ロイヤリティを払って日系サプライヤーの承認図を利用するケースも少なくない。

いずれにせよ，これまで見てきた承認図方式の外注部品開発は，トヨタの製品開発と同時並行的に行われるため，サイマルテニアス・エンジニアリング（SE）と呼ばれている。

### ＜外注部品の原価企画＞

原価は，通常の開発業務とは異なり，外設申には原価目標が記載されておらず，外設申の正式発行以前に，別のフォーマットで設計→調達→サプライヤーへ指示されている。また，これも通常の開発とは異なり，原価は，ある程度まで現地で，すなわち TMC 現法の購買担当と Tier1 現法の営業担当の間で詰められている。このことについては，第 8 章第 2 節で詳しく見る。

### ＜LO 以後の ZB の役割〜サフィックス開発，MC，FMC〜＞

IMV は LO 後もサフィックス開発が続いたことに特徴がある。LO から 1 年たった 2005 年の生産サフィックス数は 600 であったが，2010 年に 1050，2012 年には 1250 と 2 倍以上に増加していった。販売サフィックスで見ると IMV は 330 で，プリウスの販売サフィックス数が全世界で 11 しかないのと対照的である。

## 第3節　開発組織が変化した部分
　　〜製造現場から分離された企画・開発，設計情報の創造（構想）と転写（実行）の分離〜

### ＜IMVの開発組織の変化＞

　第2節までは，IMVの開発組織でも他のモデルと変わらないルーチン，トヨタの開発ルーチンの部分を見てきた。そこで明らかになったことは，先進国も含めたグローバル市場向けに開発される車〜カローラ，カムリ，ヴィッツなど〜の開発組織のルーチンと比べて，IMVの開発組織のルーチンは，新興国専用車であるにもかかわらず，その主要な部分に変異は無いということである。

　もちろん，新興国専用車だから開発の内容は新興国市場にフィットしているのだが，その開発過程で行われるルーチンワークのあり方に変異は無いのである。その意味で，IMVの開発組織は進化していない。

　しかし，開発組織と製造組織の分業構造には変化〜設計情報の創造（構想）と転写（実行）の分離〜が見られ，それにともない生産準備ルーチンには変異が見られる。

　以下，IMVの開発組織と製造組織に起こった変化〜開発組織と製造組織の分業構造の変化〜について見ていこう。

### ＜商品企画・設計開発の主力は日本＞

　IMVの開発スタッフは総勢約2500人（2012年3月現在）と発表されている。そのうち，TMCに2000人が在職しており，商品企画，設計開発の主力は日本である。その他，グローバル供給拠点に400人，インドに60人，オーストリアに40人。日本以外に合計500人となっている。その内訳は以下の通りである。

・タイ：TMAP-EM（Toyota Motor Asia Pacific Engineering & Manufacturing）：210人

## 図 2-2　開発態勢
グローバルで総勢約2500名のスタッフがIMVの開発に関わる

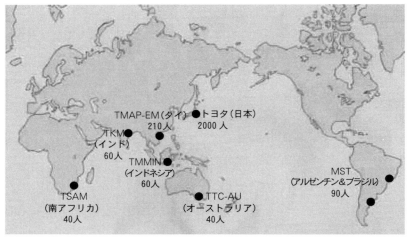

（出所）　トヨタ自動車「IMV販売累計500万台達成」会見（2012年4月6日）プレゼンより作成。

- インドネシア：TMMIN（Toyota Motor Manufacturing Indonesia）：60人
- 南アフリカ：TSAM（Toyota South Africa Motors）：40人
- 南米：MST（Mercosur Toyotaの略。TDB，TASAでの呼称はToyota Mercosur）：90人
- インド：TKM（Toyota Kirloskar Motor）：60人
- オーストラリア：TTC-AU（Toyota Technical Center Australia）：40人
- 2015年に予想されている次期モデルもこの開発態勢である。

### ＜生産と組織的に分離された企画・開発＞

　企画・開発はTMC本社テクニカルセンターと，サイマルテニアス・エンジニアリング，SEに参加するサプライヤーの企画・開発部門に集中しており，プラットフォームとグローバル統一ボデータイプはTMCで企画・設計され，

部品はサプライヤーの開発部門が企画・設計している。

　現地の企画・開発部門が集めた情報をベースに日本を中心にタイのTMAP-EMが補完する形で多様なサフィックスが開発されているが，タイ以外の現地ではサフィックスの「提案」（あくまで「提案」であって，「企画」の前の段階）にとどまる。企画・開発部門を持つ6カ国の拠点でも，タイ（TMAP-EM）以外はサフィックスの「提案」のみである。

　タイ（TMAP-EM）の場合もバンパー，ラジエーターグリル，ランプとタイ独自仕様部分くらいに限定されており，その役割は未だ限定的である。

　その意味で，企画・開発（設計情報の創造）はTMCに集中しており，そうした［集権的］な企画・開発態勢の下で開発が進められている。

　生産図面から工程を設計し，標準作業書に落としていく生産技術の開発もTMCの生産技術部門に集中している。号試（量産試験），号口（量産開始）に向けて開発された生産技術情報は，日本の生産技術メンバーを大量に現地に出張派遣して，工程に転写されていく。

　号口に辿り着くと，国ごとに決められている日本のマザー工場（IMVの場合，元町，田原のいずれか）から派遣された駐在員の管理の下に製造が始まる。

　日本のマザー工場は，TPS（Toyota Production System：トヨタ生産方式）の柱（JIT＆自働化）は同じだが，具体的な製造のやり方は工場ごとに異なる。どこかの工場が標準を作って他の工場へ移転するわけではなく，それぞれの工場での経験を横展しあう関係である。その意味で，製造は企画・開発のように集権的ではなく，［分権的］である。これが現地に移転されるため，IMV製造拠点のものづくりは拠点ごとに多様である。

　ただし，製造が拠点ごとに分権的に行われているといっても，現地人主導で行われている訳ではない。製造現場のイノベーションのうち，システムの変更を伴うようなそれ，たとえばSet Parts Supply（SPS）[40]や，Pレーンの導入，混流の工夫などは，日本人駐在員の指揮のもとに進められており，現地人がシステムの変更を伴うイノベーションの導入を指揮するレベルには達してい

---

40　SPSは，組み立て工程で組み付ける部品を車1台分セットしてライン側に供給する方式である。第7章第3節で詳述する。

ない。

　その前提のもとに，導入されたシステムのカイゼン（現場の班長による標準作業書の書き換え，カイゼンチームによるラインのカイゼン，カラクリの考案・作成・設置など）は現地人主導で進められている。こうした漸進的イノベーションは現地人が主導しているのである。

　このように，システムの変更を伴うようなイノベーションの導入は駐在員主導で，導入されたイノベーションのカイゼンは現地人主導で，各製造拠点が現地工場の実情に合わせて多様に進化している。これは，欧州系のカーメーカーや部品メーカーが各国の製造拠点をグローバルスタンダードで統一しようとしているのと対照的である。

　ただし，システムの変更をともなうようなイノベーションは本社の生産技術が行っており，そうしたイノベーションの創造は日本で集権的に行われている。

　以上のように，TMCはLOまでの構想部分（企画・開発・生産準備を通じた設計情報の創造）に集中し，現地法人はLO以後の実行（製造，すなわち設計情報の転写）に集中する。いわゆる「構想」と「実行」の分離である。

　しかし，設計情報の「創造」（構想）と「転写」（実行）が，TMCと現地法人の間で分離するのは，カローラなどのグローバルカーでも共通して見られることである。それは，TMCの海外生産に標準的な分業構造であり，IMVから始まった新しい分業構造という訳ではない。

　だが，IMVの「構想」と「実行」の分離の場合，日本で「構想」が完了したら，いきなり海外の現地で「実行」するという点が新しい。この新しさを，カローラなどで行われている，それまでのやり方と対比しながら考えてみよう。

　カローラなど，それまでの車種の多くも，IMVと同じく「日本のTMCテクニカルセンター」と「海外現地法人の工場」との間で「構想」と「実行」が分離しているのだが，その分離に至るまでに，日本の「マザーラインで量産してみる」というステップが入る。日本のマザーラインで「構想」と「実行」を結合した状態で量産してみて，うまく行ったら「実行」を海外に移転し分離す

第 2 章　トヨタの開発ルーチンと新興国車 IMV の開発ルーチン　57

る方式だったのである。このやり方に対して，IMV のやり方では，「マザーラインで量産してみる」というステップが入らない。まず，この点に IMV のやり方の新しさがある。しかし，そのステップ抜きに，どのようにして「実行」を分離しているのか。そこに新しさの中身があるので，次に，そのことを見ていこう。

　IMV のように日本にマザーラインを置かない場合は，日本にラインが無いのだから，試作をどこでするかが問題になる。IMV の場合，試作は TMC 技術部（IMV1，2，3）とトヨタ車体（同 4，5）に試作ラインを敷いて行われた。開発の不可欠の一環である試作は，設計や原価企画と同じく，「構想」の一部として日本で行われたのである。このようにして開発は日本で最後まで済ませたあと，それ以降は，直接に新興国の現地法人で「実行」された。号試（量産試験）から号口（量産開始）までのすべてが，最初から新興国の現地工場で「実行」されたのである。

　他方で，TMC の企画・開発組織は，IMV では生産準備，号試，号口までの構想を，生産現場と分離されたままデジタルで作成していく。こうして，IMV では，日本のマザーラインでの量産を経ることなく，構想と実行が最初から分離された。構想と実行が完全に分離することになったのである。

　こうした開発組織と製造組織の分業構造は，70 年代後半の新興国の TUV（Toyota Utility Vehicle：IMV の先代の新興国専用車）に始まり，米国・欧州のセダン，トラック系乗用車では米国のタコマ，タンドラ，セコイア等に横展され，さらに，IMV にも横展されて，トヨタの海外専用車の分業構造，それまでにない新しい分業構造として確立していった。

　こうした IMV の開発組織と製造組織の分業構造（構想と実行の分離）は，それに続く新興国車，U-IMV（アバンザ／セニア），EFC（エティオス），アギア／アイラにも受け継がれており，トヨタの新興国車開発と製造の分業構造として確立している。

# 第 3 章

# 第 2 トヨタは破壊的イノベーションの担い手たりえるか？
～この組織分化は開発組織の進化か？～

### ＜新興国市場と組織の分化＞

　新興国市場は，2000 年まで国ごとに隔離された市場だったが，トヨタは世界で唯一そこで固有のモデルを進化させた。タイではハイラックス，インドネシアでは TUV（キジャン Kijang），ブラジルではバンデランテ（Bandeirante）などである。このうち TUV は新興国専用車としてインドネシアの他にもマレーシア（現地名ウンセル Unser），ベトナムと台湾（ゼイス Zace），フィリピン（タマラウ Tamarau），インド（クオリス Qualis），南アフリカ（コンドル Condor）にも展開された。

　2000 年から WTO のルールが新興国に適応されると，国産化規制が TRIM 協定違反で撤廃され，グローバルなボーダレス化が始まった。また，20 世紀末から 21 世紀にかけての地域統合の進展～AFTA（自動車は先行 5 カ国で 2005 年に関税 5％，2010 年に 0％），メルコスール（1995 年）など～による地域ごとでのボーダレス化も進み，新興国が独自市場を形成した。

　IMV はこれに対応するプロジェクトだが，新興国担当組織は分化せず，先進国と共通の組織（組織そのものもルーチンも）で進められた。

　しかし，IMV の FMC 前の 2013 年に，新興国を担当する組織として第 2 トヨタが分化した。第 2 トヨタが LCV（Low Cost Vehicle）や ULCV（Ultra LCV）を開発し，生産できる組織に進化すれば，第 2 トヨタは LCV を開発できる組織に至る前適応としての意味を持つ。

## ＜第2トヨタの分化と進化＞

　第2トヨタの分化は，トヨタの組織内に先進国担当部門と並ぶ新興国担当部門ができたように見え，こうした「ビジネスユニットの分割」により組織が進化したように見える。しかし，第2トヨタが第1トヨタとは異なる企画・開発に関する組織ルーチンを持てなければ，たんなる組織変更にとどまり，進化とはいえない。LCV開発，ULCV開発にどう取り組むか，新市場創造型の破壊的なイノベーションに取り組めるかが問われる。

　逆に，第2トヨタが第1トヨタと異なる組織ルーチンを持てるなら，これは進化としての組織分化であり，哺乳類が有胎盤類と有袋類に分岐してそれぞれが適応放散→多様化したのと同様に，第1トヨタと第2トヨタもそれぞれが企画・開発するモデルが適応放散→多様化していくとみられる。新興国は，そのニーズに愚直に対応した専用モデルが少ないという意味でラグジャリーからBOP[41]まで広大なニッチが残されており，多様化の余地は先進国並みに広いとみられる。

　以下，IMV以外も含めたトヨタの新興国車開発の取り組みを振り返り，第2トヨタの分化が進化と言えるのか考えてみたい。

## 第1節　これまでのトヨタの新興国車開発
　　～IMV, U-IMV, EFC, D80N～

### a．先進国車の仕様で開発された新興国専用車 IMV

#### ＜IMVにおけるイノベーションとTMCの組織ルーチン＞

　IMVの開発は，新興国の顧客のニーズに在来的な技術の改良で忠実に応えていく漸進的（Incremental）イノベーション（アッターバック［邦訳1998］），持続的（Sustaining）イノベーション（クリステンセン［邦訳2001］）であり，「ローエンド型破壊」同前［邦訳2003］や「新市場型破壊」同前［邦訳

---

41　Bottom of the Pyramid の略。プラハラード［邦訳2010］の言葉で新興国の低所得層を指す。所得水準は低いが人口的には新興国のボリュームゾーンを形成する。

2003] ではない。

しかし、このイノベーションは新興国の購入層に受け入れられ、第1世代IMV は新興国でのシェアを拡大することに成功した。「漸進的」、あるいは「持続的」なイノベーションの成功である。

このような、「漸進的」、あるいは「持続的」なイノベーションは、TMC では開発、生産、調達のいずれの組織でも行われており、また、新興国車であるIMV の組織だけでなく、先進国向けに開発される車の組織にも見られる。漸進的イノベーションはトヨタの開発組織のルーチンとなっている。

以下、このことを詳しく見ていこう。

＜持続的イノベーション＞

IMV は、新興国専用車であり、開発構想ではアッパーミドル層をターゲットに百数十万円程度の Affordable Car を狙っていたが、マイナーチェンジで仕様、装備を充実させていった結果、量販モデルの D キャブ (IMV3)、SUV (IMV4)、ミニバン (IMV5) は、現在の価格帯～新興国では富裕層向けの Luxury Car セグメント～に落ち着いている。主力モデルの価格帯は発売当初で 150～300 万円程度だったが、二度のマイナーチェンジを経て 180 万円～400 万円程度となっている。

もちろん、このセグメント向けの車でも、最初の LO に向けての原価低減は強力に進められ、2002 年頃生産していたベースモデルの 20%前後が、TMC 内製分、サプライヤー外注分の両方に提示されていた。

しかし、20%前後の原価を低減しても先進国並みの価格水準であることに変わりなく、仕様を新興国向けにスペックダウンする必要はなく、むしろ逆に最新技術を投入して付加価値を高めることが求められた。

その結果、第1世代 IMV は、衝突安全性能の高い GOA ボデー、ディーゼルエンジンのコモンレールなど、販売開始時点 (2004 年当時) に先進国で標準的な技術の多くが盛り込まれることになった。

IMV のイノベーションの漸進性は、サフィックスの開発にも良く現れている。TMC に限らず、どこの自動車メーカーでも製品の開発は生産準備まで含めても LO までだが、IMV では、LO 以後も、現地ニーズに愚直に対応してい

くため，サフィックスの開発が続けられた。その結果，IMV のサフィックスは，LO 直後，2005 年の 600 サフィックスから 2010 年の 1050 サフィックスまで増加している。

＜持続的イノベーションを支える組織運用＞
　この持続的イノベーションを支えたのが，企画・開発段階から発売後のサフィックス開発まで，IMV の CE を細川薫氏で一貫させた組織運用である。細川氏の在任期間は，正式な期間だけでも 2002 年（1月に主査，6月に CE）から 2011 年までの 10 年間，U-IMV の CE に就任していた 2001 年から数えると 11 年に及ぶ。細川氏は文字通り IMV の生みの親，育ての親であり，持続的イノベーションの担い手であった。
　近年では CE の在任期間は商品企画から LO までの 5 年程度であり，LO 以後のサフィックス開発まで担当するのは例外的な組織運用である。しかし，それにより，国ごとに個性的な新興国ニーズにサフィックスを増やすことで持続的に対応していくことが可能になった。

＜IMV1〜4 の持続的イノベーションの大成功と，U-IMV による IMV5 に対する破壊＞
　以上のように，IMV は，先進国の仕様が盛り込める価格帯（当初 150〜300 万円，マイナーチェンジを経て 180〜400 万円）に投入される車であることを前提に，最新技術を利用した仕様を導入したり，現地ニーズに愚直に対応したりして高付加価値を追求した。
　その結果，IMV1，2，3，4 では市場シェアの拡大に成功し，新興国車でありながら，全世界で販売されるカローラに迫る販売を達成した。クリステンセンの言う持続的なイノベーションの成功である。
　しかし，IMV5 が投入されたミニバン市場，特にインドネシア市場では U-IMV による IMV5 に対する破壊的イノベーションが発生し，IMV が苦戦することになった。

図 3-1　国内乗用車新車販売にて5割のシェアを占める U-IMV と IMV5

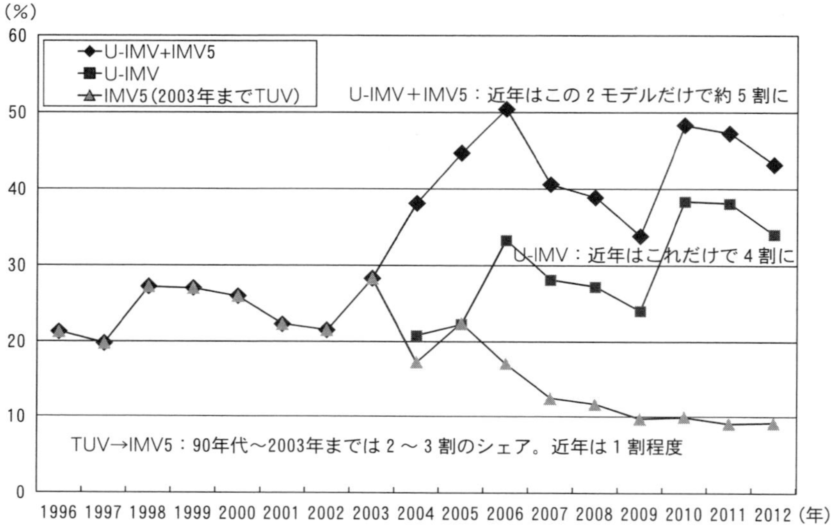

凡例：
- ◆ U-IMV+IMV5
- ■ U-IMV
- ▲ IMV5（2003年までTUV）

U-IMV+IMV5：近年はこの2モデルだけで約5割に

U-IMV：近年はこれだけで4割に

TUV→IMV5：90年代〜2003年までは2〜3割のシェア。近年は1割程度

（出所）　GAIKINDO 統計より作成。

### ＜U-IMV による IMV5 の破壊〜トヨタがイノベーションのジレンマを超えた結果〜＞

　IMV5 の最大のマーケットになると見込まれたインドネシア市場では，IMV5 の投入により空白となった通貨危機前の TUV の価格帯（100 万円前後）にはダイハツと共同開発した U-IMV が投入された。この U-IMV が IMV5 の顧客も徐々に取り込んで台数を伸ばしていく。

　こうして，IMV5 より価格帯の低い U-IMV のシェアが IMV5 のそれを逆転していった。TUV から IMV5 への持続的なイノベーションが，高性能だが高価格の IMV5 を生み出し，従来の価格帯に空白を生み，そこに投入された U-IMV が IMV を逆転したのである。その後，IMV5 は一割を切るまでシェアを低下させ，他方で U-IMV は4割近いシェアを獲得するまで販売を伸ばしていった。こうして，IMV5 は U-IMV によって破壊された。既存市場でのローエンドでの破壊的イノベーションである。

　とはいえ，U-IMV は 100 万円（モデルチェンジで 150 万円）前後の価格で，

第 3 章　第 2 トヨタは破壊的イノベーションの担い手たりえるか？　63

すなわち，既存市場のローエンドの価格で，そのセグメントで歓迎される新しさを，インドネシアのボリュームゾーンである 3 列シート 7 名乗車のミニバン車形で，しかも過剰感のある車格と仕様を削ぎ落として実現した。その結果，U-IMV のシェアは先代の TUV の倍近い 4 割に近づき，IMV5 を合わせると 5 割近いシェアを獲得した。U-IMV の成功は IMV5 を苦戦させたが，トヨタ全体では，この二車種だけで乗用車市場の 5 割近くを獲得したのである。

しかも，この U-IMV を共同開発したのは IMV5 を開発したトヨタであり，CE も両車とも同じ細川薫 CE である。クリステンセンによれば，利益率の高い IMV5 のような製品を開発するメーカーは，利益率の低い製品の開発から「逃走」するよう動機づけられており，コンペティターが挑んだローエンド型のイノベーションで破壊されるはずであった。イノベーションのジレンマである。

しかし，トヨタは利益率の低い U-IMV の開発をあたり前のように行い，大成功させた。トヨタは，イノベーションのジレンマを，ローエンド型のイノベーションでは乗り越えたのである[42]。

### b．新興国のミドル＆エントリー市場の攻略
　〜Japanese Standard と LCV，ULCV 開発〜

#### ＜Japanese Standard から見たイノベーション＞
TMC の新興国車開発は，IMV と並行して U-IMV（Under IMV，商品名アバンザ［T］/セニア［D］），続いてセダン系乗用車として EFC（Entry Family Car，商品名エティオス，2010 年），D80N[43]（商品名トヨタ・アギア，ダイハツ・アイラ，2013 年）と続いた。

これらを Standard という観点から見ると，トヨタ単独開発の IMV と EFC

---
42　新市場型のイノベーションでもジレンマを乗り越えられるかは終章を参照。
43　IMV，U-IMV，EFC は開発サブネームでありウェブサイトでも公表されているが，D80N の方はウェブサイトでは公表されていない。しかし，D80N の開発過程をサプライヤーサイドから取材してみたところ，D80N はトヨタの開発サブネームと同じく社外に対してもオープンに使われていた。そのような取り扱いから，筆者は D80N を IMV，U-IMV，EFC などと同様に社外にもオープンな呼称と判断し，本書では D80N を用いることもある。

が Toyota Standard（TS），トヨタ・ダイハツ共同開発のU-IMVがダイハツ寄りのStandard，ダイハツ単独開発のD80NがDaihatsu Standard（DS）となっている。

いずれも，Japanese Standardを維持しながら，持続的なイノベーションを突き詰めていく開発方式である。しかし，中心的な販売価格はアバンザ／セニアが150万円，エティオスが130万円で新興国のLCVに求められるレベルに達していない。アギア／アイラの100万円はLCVレベルに近づいているが，それでもまだ高めである。

### ＜Japanese StandardとLCV開発の限界＞

トヨタのスタンダードは日本市場向けのスタンダード＝Japanese Standard（JS）が新興国も含めた全世界に投入される車のスタンダード＝Global Standard（GS）になっている。世界共通の環境，安全に配慮した車

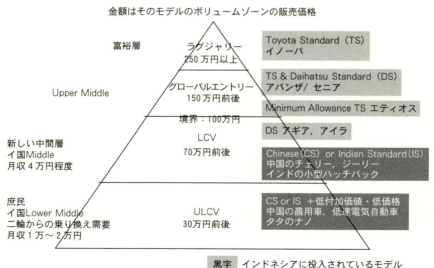

図3-2　新興国のセグメント・イメージと対応車種
（2011年のIMVのマイナーチェンジ後の状況）
金額はそのモデルのボリュームゾーンの販売価格

（出所）　筆者作成。

づくりである。新興国の Local Standard は作られていない。

しかし、新興国に今後形成されていくボリュームゾーンは LCV, ULCV の価格帯と見られ、その開発が課題となっている。Japanese Standard を維持したままでの開発では、ULCV が開発できないのはもちろん、LCV の開発に限界があるとみられる。インドの TATA や中国の奇瑞、吉利がその開発に成功した場合、破壊的イノベーションになる可能性があった。

これは、持続的イノベーション（IMV）による適応か新市場創造型イノベーション（NANO）による適応か、という問題である。今のところ、国ごとに異なる市場ニーズに愚直に適応していく IMV の持続的イノベーションが成功する一方で、NANO の価格破壊による新市場創造型イノベーションは失敗している。マーケットリーダー（TMC）に対する破壊的イノベーションにはならず、TMC の持続的（サステイニング）イノベーションの方が成功している。

### ＜U-IMV トヨタ・アバンザ、ダイハツ・セニア＞

3列シート7人乗りミニバンで、ビルトインフレーム型モノコック構造の新興国専用車である。開発サブネームの Under IMV を略して U-IMV と呼ばれ

図3-3　トヨタ・アバンザ、ダイハツ：セニア開発サブネーム U-IMV

（出所）　写真はトヨタ・アバンザ：Toyota Astra Motor の広報用写真。画像処理は井手萌乃（鹿児島県立短期大学）が担当。

ている。トヨタとダイハツが共同開発しており，共同開発の推進母体はTD合同委員会（開発，販売，生産準備の3分科会）であった。その中で，Toyota Standard（TS）とDaihatsu Standard（DS）を議論しながら開発が進められた。

ターゲットはキジャンを中古で買っていた層で，企画コンセプトは「キジャンの中古の値段で，旧型キジャンより性能の良い新車」であった。2012年9月時点の価格は130万～180万円，台数は2万7千台／月である。

現在は，インドネシアのAstra Daihatsu Motor（ADM）で集中生産されている。SUVのダイハツ・テリオス（日本名ビーゴ），トヨタ・ラッシュもU-IMVと共通のプラットフォームで開発された。いずれも，インドネシアでは3列シート7人乗りである。

### ＜TSとDS＞

U-IMVの開発の特徴は，Toyota Standard（TS）とDaihatsu Standard（DS）が調整されてスタンダードが決められたことである。

TSとDSは，品質の柱（耐久性，品質保証，各種性能目標）は同じでも，具体的な評価項目，評価内容が異なる。商品企画はトヨタのU-IMV案を両社合同で煮詰めたが，開発実務はダイハツが主体となった。何をTSで評価して，何をDSで評価するかをダイハツ主体で決められ，最終的にTSでもDSでもない，主な投入先であるIndonesia Standardができている。ダイハツがトヨタの新興国ブランドとして使われているわけでないが，開発のスタンダードはダイハツ寄りであり，この面ではルノー・ダチアのロガンとの共通性も持っている。

2003年12月にLOした。当初はADMのみで生産され，のちにTMMINでも生産されるようになった。現在は再びADMのみとなっている。2011年11月にFMC（フルモデルチェンジ）したが，しかしフィットの旧型と新型のようなFMCであり，基本は変わっていない。価格は130万～180万円とグローバル・エントリーカー水準であり，新興国ではアッパーミドル用である。二輪から乗り換えられる水準ではない。

第3章　第2トヨタは破壊的イノベーションの担い手たりえるか？　67

### ＜エティオス（EFC）＞

エティオスは開発サブネームが EFC で，B セグ・セダン＆ハッチバック，G:1.2 ℓ ＆ 1.5 ℓ，D:1.4 ℓ である。トヨタが単独で開発し，TS が Standard となっている。この点が U-IMV との違いである。しかし，EFC を担当する ZK の関係者によれば，TS の Allowance（後述）を修正して最小化するという新しい試みがなされている。これにより，グローバルスタンダードとしての TS を維持しながら Allowance の最小化によってコストダウンを実現している。

しかし，1.2 ℓ のため，インドネシアでは，エコカーの恩典は受けられず，中心価格は 130 万円程度となっている。2010 年 12 月にインドのトヨタ・キルロスカ・モーター（TKM）のバンガロール第 2 工場で LO，2013 年 3 月にトヨタ（TMMIN）カラワン第 2 工場（新設）で LO された。

### ＜Allowance の最小化〜エティオスにおける開発ルーチンの進化〜＞

品質の Standard（耐久性，品質保証，各種性能目標等）には Allowance がある。この Allowance を小さくすることで，Standard は変えずにコスト削減を実現する。例えば，シートファブリックの耐久性ではこうである。

「企画」の Standard が 30 万回なら，「開発」が 1 割の余裕を見て 33 万回分の耐久性を確保する。この企画と開発の差，1 割，3 万回分が Allowance である。Standard に対するオーバースペック分である。これを削ってコストを下げる。

これは，企画・開発における Bufferless 化であり，Buffered から Bufferless への開発ルーチンの進化である。Bufferless は TPS の生産面での特徴だが，企画・開発の Standard における Bufferless はトヨタでもエティオスが初の試みで，TPS の新段階と言えよう[44]。

### ＜イノベーションとしてはラジカルだが限界あり＞

EFC は，新興国車といえども先進国と共通のトヨタ・スタンダードを前提

---

[44] クラフチックに依拠しながら，生産面での TPS の特徴を Bufferless と規定したのは，野原光氏である。野原光 [2006] 196 頁。Allowance の最小化は，それが企画・開発面にも及んだことを意味する。

に，しかし新興国車にふさわしい低価格を追求して開発された。トヨタ・スタンダードを前提に，コストダウンの限界に挑戦したと言える。

この企画と開発のギャップ解消，開発側のバッファレス化は，企画と開発の関係に関するプロセスイノベーションであり，イノベーションの性格としてはラジカルである。

また，企画組織が決めた Standard に対して開発組織が Allowance（余裕分，バッファ分）を見て開発するという暗黙のルーチンが，余裕分を最小化して開発するというルーチンに変異しており，トヨタの製品企画・開発組織の進化が見られる。

しかし，EFC の販売価格は 130 万円前後と，70 万円程度の LCV からは依然として距離が大きい。このことは，LCV をトヨタ・スタンダードで開発する限界を示している。

### ＜アギア，アイラ（LCGC）＞

開発コードは D80N でダイハツ・イースがベース。A セグ・スモール・ハッチである。ダイハツが単独で開発（アイラ）してトヨタに OEM（アギア）している。DS が Standard である。

ルノー・ダチアのロガンと Standard のあり方は類似するが，ロガンのように共同開発ではなく OEM であり，また，B セグではなく A セグである。

1 リッター（KZ 後継の KR エンジン）でエコカー（LCGC：Low Cost Green Car，インドネシア政府規則 2013 年第 41 号，大統領署名 2013 年 5 月 23 日）の恩典で卸売価格の 10% に相当する奢侈税が免税されている。

販売価格はアギアが 9900 万～1 億 2000 万ルピア（約 99 万円～120 万円），アイラが 7610 万～9750 万ルピア（約 76 万円～97 万円）。日系モデルで最も LCV に近い。

アギアは月間 5 千台，アイラは 4 千台が目標。ADM スルヤチプタ工場（新設）で 2012 年末 LO して，新工場の能力は 10 万台とされている。

大統領署名，工業省規定の策定が遅れていたが，2013 年 9 月 9 日に発売された。

LCGC の認可基準の 9500 万ルピア（約 95 万円）以下はインドネシアの既

存市場のローエンドであり，これまでは，軽トラベース・キャブオーバー型ミニバン（スズキ・キャリー，ダイハツ・ゼブラ，三菱 T-120）が投入されていた。したがって，アギア，アイラのイノベーションは既存市場のローエンドを狙うイノベーションであった。

LCGC 認可モデルを投入順に並べると以下の通りである。

2014 年 9 月：トヨタ・アギア，ダイハツ・アイラ
　　　 10 月：ホンダ・ブリオ・サティア
　　　 11 月：スズキ・カリムン・ワゴン R
2014 年 5 月：ダットサン・ゴー，ゴープラス

しかし，LCGC 政策は既存メーカーを既存市場のローエンドに誘導するだけで，新たな価値を創造する方向に誘導するものではなかった。

### 表 3-1　LCGC（Low Cost Green Car）の概要（2013 年 9 月施行）

以下の条件を充たすモデルを LCGC（Low Cost Green Car）とする。
LCGC は奢侈品販売税（税率 10％）を全額免除する。

|  | 法規 |
|---|---|
| エンジン排気量 | ・900≦CC≦1200 のペトロール<br>・＜1500cc のディーゼル |
| 現調率 | ・エンジン 5 部品を 3 年目から現調<br>・ミッションケースを 2 年目から現調<br>・Clutch System 1 年目から<br>・詳細な現調項目・タイミング設定 |
| 燃費 | ≧20km/L<br>Test Mode：ECE-R101 → ECE-R101 Low Power（尼モード Max.80Km/h）<br>Petrol は RON92（補助金なしガソリン） |
| エミッション | 特に規定無し（現行 EURO Ⅱ 維持） |
| 価格<br>(million RP) | ＜9500 万ルピア Off the road price<br>ただし，AT＋15％，安全装備＋10％付加可 |
| ローカル名称 | 車名とロゴ，ブランド名はインドネシアの要素を含まなければならない |
| その他 | 最低地上高：min 150mm<br>最低回転半径：max 4,650mm |

（出所）　インドネシア政府規則 2013 年第 41 号，大統領署名 2013 年 5 月 23 日，2013 年 9 月施行。Toyota Astra Motor, Honda Prospect Motor でのヒアリングで運用を確認したうえで作成。

このため，政策に対応するだけでは新市場を創造するようなイノベーションは起こらず，少し上のセグメントである小型MPV（3列シート7人乗り）のセグメントと，少し下のセグメントである中古車市場から少しずつシェアを奪って，LCGCは10%台前半のシェアを確保するにとどまった。既存市場のローエンドでシェアを奪う車が開発されたにとどまったのである。

## 第2節　第2トヨタの分化は進化か？
　　　　～IMVの大成功はイノベーションのジレンマをもたらすのか？～

### ＜第2トヨタの二つの組織＞
　2013年4月1日の組織改変で第2トヨタ（中国・豪亜中近東，アフリカ，中南米担当）が新しいビジネスユニットとして設置された。

　第2トヨタは，副社長（営業担当1名，技術担当1名，計2名）を事業責任者として，「商品企画～生産・販売を一貫して見る体制」と発表され，① 営業部門を担当する副社長1名の下に新興国向けの地域最適商品を企画し，技術部門に提案する「第2トヨタ企画」と，② 技術部門を担当する副社長1名の下に新興国向けの各Zグループがまとめられた「第2トヨタセンター」が新設された。

　このうち営業部門の第2トヨタ企画は，「市場と商品」の観点で新興国向け商品の提案機能を集約し，地域最適商品を技術部門に提案することを標榜して新設された組織である。トヨタには以前にも全世界を対象とする「グローバル営業企画」という部署があり，その新興国部門が同様の機能を担っていたが，その看板を変えて焦点を新興国に絞ることにより，トヨタの新興国指向を強く内外に発信したと言えよう。

　ただし，第2トヨタ企画は営業部門に設置された組織のため，技術部門に営業企画を提案する機能は持っても，その営業企画を製品企画にまとめ，設計していく機能は引き続き技術部門～Z開発組織～が持っている。

　そこで，製品企画本部の各Zにも第1トヨタ（北米，欧州，日本担当）と第2トヨタ（新興国担当）の組織上の区割りが設けられた。しかし，新興国向

けの各Zグループが、それぞれのZはそのままの形で第2トヨタセンターという器に入れられたため、第1トヨタ、第2トヨタの組織上の区分は出来たものの、製品企画の機能の点では、明確な進化を確認できるまでには至ってない。実際に、新興国車の開発組織であるZBやZKでも、従来の業務遂行ルーチンに変更は無く、2015年にLOが予想される第2世代IMVの開発は従来通りのルーチン、従来通りのスタンダードで進むと見られる。

とはいえ、第2トヨタの技術部門を担当する副社長の下には新興国地域担当部長－地域担当主査（南米、南ア、ASEAN、中国などに各1名）の小さなライン組織が稼働しだしている。第2トヨタ技術担当副社長、新興国地域担当部長、地域担当主査のラインは、技術部門以外、たとえば営業部門でも、「新興国で括った課題」を受ける窓口であり、そこから何かが変わる可能性はあり、そこからLCV、ULCVを開発できるルーチンを持った組織に変わっていけば、現在の第2トヨタがその「前適応」としての意味を持つ[45]。

だが、現状では、新興国地域担当部長の機能は、地域の法規動向の横展開、自動車市場（お客様）のトレンド変化調査と横展開などにとどまっており、地域最適商品の企画／開発の本質的な所は、今日でも以前と変わらずZが行っている。

これが、技術部門の第2トヨタ〜第2トヨタセンター〜の実態であり、このライン組織は、技術部門以外との新興国に関する情報のやり取り／諸調整のインターフェース、専務〜副社長クラスにつながるパイプ機能、一言で言えば新興国に関する社内の相談窓口にとどまっている。他方で、Zの組織ルーチンの進化はみられないため、LCV、ULCVを開発するような態勢はできていない。

以上のように、第2トヨタの分化という組織の変化はあったが、開発組織の

---

45　前適応 Preadaptation は進化言語学の用語である。6万年前の人間の言語獲得は突然変異によって言語の再帰性 Recursiveness が獲得されたことで起こったが、この再帰性の獲得が言語獲得につながるのは、①言語を獲得できるレベルまでの大脳の発達、②音節が区切れるようになるための呼吸を止める能力の獲得、③声を発するための喉の発達などが事前に起こっている必要があった。これが前適応である。言語の前適応は、それぞれが言語獲得とは異なる生き残る（選択される）理由を持っているが、再帰性が獲得されたときに言語獲得のために転用される。LCV、ULCVを開発できる組織が分化するには、こうした前適応が必要と思われ、現在の第2トヨタが前適応となる可能性はある。言語学における前適応については池内正幸［2010］、岡ノ谷一夫［2007, 2010］を参照。

ルーチンは変化しておらず，旧来のままであり，LCV，ULCV を開発するような組織ルーチンの進化は見られない。

### ＜藤本隆宏［2014］のコメント＞
こうした状況に対して藤本隆宏［2014］は次のようにコメントしている。

ア．IMV が年産 100 万台を超える大成功を収めたことは，かつてビッグスリーがトラック系乗用車で大成功を収めていたことを思い出させる。
イ．ビッグスリーは利益率の高いトラック系乗用車の大成功で利益率の低い小型車の開発を怠り，後に小型車で優位に立つ日本車，韓国車の後塵を拝することになった。
ウ．同じトラック系乗用車の IMV が 180〜400 万円のセグメントで成功を収めたことで，TMC も利益率の低い LCV，ULCV の開発に消極的になっていないだろうか？
エ．自動車でも新興国のボリュームゾーンがもっと低い価格帯に広がっているとすれば，クリステンセンの言う「新市場型破壊」［邦訳 2008］が必要である。
オ．自動車以外の産業では，かつての優良企業がクリステンセンの言うイノベーションのジレンマに陥った事例が少なくない。TMC も持続的イノベーションの成功に満足し，「新市場型」のイノベーションのルーチンを持った組織に進化できなければ，かつてのビッグスリーと同様の道を歩む恐れがあるのではないか？

### ＜細川薫氏のコメント
～市場を見る／考えるマインドが DNA として息づいている，経営判断さえあれば LCV で成功する道へ～＞
他方で，細川薫氏は，2013 年 11 月 26 日に出向先の住友ゴム工業で行ったインタビューで次のように述べている。

「少なくとも，私のトヨタ在籍時には，LCV，ULCV を企画，開発できるよ

うなしっかりした組織はなかった，と言ってよいでしょう。しかし，LCV，ULCV を考えている人間は必ずいるはず，とお考えいただきたい。

　トヨタには，Z の仕事の前座として，市場をくまなく見て将来を考える人間がいます。これは，どこの部署とは断定できません。

　言いかえれば，どこの部署も市場を見る／考えるマインドが DNA として息づいています。

　従い，今は，組織だって動けるまでには至ってない，と思っていただきたいのです。『第 2 トヨタ企画と第 2 トヨタセンター』の今後に OB として期待しています。」

　「LCV，ULCV はトヨタはできないのか？　そうかも知れません。でも，トヨタがその領域に参入するしないの前に，世界の市場を分析しているのは当然。そこから弾き出された予測の上でトヨタがビジネスとして参入するか，しないかです。LCV，ULCV に参入する，と判断したその時こそ，開発のみならず全ての機能が従来枠にとらわれないマインドをもって，組織作りも含めて新たな仕事のやり方を目指すんだ，と腹決めができた時なのでしょう。10 年前にルーマニアのルノー系列ダチアからの『ロガン』が口火，その後インドの Tata，昨今のインドネシアの ULCV 等々，LCV，ULCV は既に目新しい市場ではありません。この 10 年間，トヨタは世界の動向を注意深くウォッチングしていたにも関わらず，動きが表面化しないのは，ハイブリッド，燃料電池車とは性質の異なる高いハードルがあるのでしょう。」

　以上のように，細川薫氏はトヨタのどの部署にも「市場を見る／考えるマインド」が DNA として息づいており，LCV，ULCV に参入する経営判断さえあれば，新市場創造型破壊をもたらすような革新的イノベーションが出てくると考えている。

　たしかに，トヨタの社内には「市場を見る／考えるマインド」がどの部署にも「遺伝子」として息づいているのであろう。これは，藤本［1997］の表現を使えば，「市場を見る／考えるマインド」が「日頃の心構え」として息づいているとも言い換えられる。そうであれば，現場には LCV，ULCV を開発する心の準備ができているだろうから，残された条件は経営判断である。ルノーが

LCVのダチア・ブランドを販売の4割を占めるまでに育てた判断[46]，TATAが30万円のNANOを開発すると決めた判断，それに匹敵するような判断をトヨタの経営陣が行えば，たとえLCV，ULCVの開発スタートが遅れたとしても，むしろ遅れたことを利用して，新興国のBOP市場によりフィットしたモデルを開発し，事後合理的に競争優位を作っていくだろう。そうなれば，TMCの新興国ビジネスはイノベーションのジレンマには陥らない。

　しかし，現状ではそのような経営判断はまだなされていない。たしかにLCVに参入するという判断はあり，実際にEFC（エティオス）が開発されたが，130万円という価格に象徴されるように，そのLCVとしての限界も露呈している。

　また，トヨタグループ全体でみると，ダイハツ単独開発のD80Nがトヨタがダイハツ・スタンダードで開発するという点で，ルノーがルーマニアのダチア・ブランドで開発するのと同じ方向性だが，ルノーの販売に占めるダチアの比率が2013年には4割に達したのと比べると戦略的な位置づけに大きな違いがある。

　他方で，持続的イノベーションで開発された新興国車IMVは180～400万円というセグメントで大成功しており，藤本の危惧～イノベーションのジレンマに陥らないか～も，もっともである。

　そのように考えると，トヨタのLCV，ULCVは，細川薫氏の言う「市場分析に基づきLCV，ULCVに参入するという判断」，事前合理的な経営判断が必要と思われる。第2トヨタの成否は，その事前合理的な経営判断にかかっており，それが不十分であるなら，TMCといえども新興国市場でイノベーションのジレンマに陥る恐れがあるだろうし，その判断ができればTMCはその組織能力でLCVでも大きな成功を収めるだろう。今まさにTMCの経営判断が問われているのである。

---

46　日本経済新聞2014年7月8日付。

# 第Ⅱ篇

# IMVにみるトヨタの新興国車製造[47]
## ～製造組織のルーチンの保持と進化～

---

[47] トヨタでは「生産」を「生産技術」(略して「生技」)と「製造技術」(略して「製造」に分ける習慣がある。「生技」はLO前の開発の段階で「設備の選択と配置」,「工程設計」などを行う部署である。IMVのような海外専用車では,開発段階において日本で生産準備を「構想」しておき,そのデジタルデータをLO前に現地に持ち込んで生産準備を「実行」する。

「製造」は,日本でも海外でも,LO後の生産の管理とカイゼンを,工場ごとに行う部署である。トヨタの海外工場は日本のいずれかの工場をマザー工場としており,海外工場の製造に関する相談はマザー工場がのっている。そのうち,生産技術に関わるようなテーマは,海外製造→マザー製造→TMC生産技術のラインで繋げられている。

本章で取り上げるのは,このうち製造の部分であり,生産技術に関する事項は開発の章で取り上げている。このように,生産から生産技術に関する事柄を取り除いて生産を論じていることを明確にするため,本章では「製造」という言葉を用いている。

なお,この「生技」と「製造」の区別の源流はTPSの生みの親である大野耐一(TMC副社長,元町工場長),鈴村喜久男(TMC生産管理部生産調査室主査)に見られる。大野の考え方を佐武弘章[1998]が的確に要約しているので引用させて頂く。「同書＜大野[1982]のこと。引用者＞の例では,ものを切るのに,ものの性質によってどのハサミを選択・開発するかを考えるのが『生産技術』であり,そのハサミを使ってどのようにしてものをうまく切るかを考えるのが『製造技術』である」(72頁)

# 第4章
# 製造の論点と概要

　第Ⅱ篇（IMVの製造に関する部分）でも，第Ⅰ篇と同様に，その論点と概要をいくつかのキーワード（以下の**太字**部分）を用いて最初に述べておく。

**（論点1）＜構想と分離された実行～IMVにおける分業構造の変化～＞**
　IMVでは，**新興国の現地法人は設計情報の転写に概ね**[48]**専念している**。新興国現地子会社は，転写に専念しているという意味では，半導体産業のファウンドリーと同様である[49]。
　このような「構想」（設計情報の創造）と「分離」された「実行」（その転写）は，それまでの「まず日本で開発→製造」→「日本での製造が軌道に乗ると海外移転して現地は製造に集中」という分業構造が，「日本は開発に集中」→日本では製造を行わず「海外で製造を起ち上げ現地は製造に集中」という分業構造に変化したことを意味する。これは，**本国本社と海外子会社に「構想」と「実行」の分業関係が明確化した**という意味でもある。これについては第Ⅰ

---

48　ここで「概ね」というのは，IMVの開発人員2500人のうち500人がタイ，インドネシア，南アフリカ，ブラジル，インド，オーストラリアの現地法人に所属する現地人であり，このうち，タイの開発組織（TMAP-EM）には企画，設計機能が与えられており，設計情報を創造しているからである。しかし，タイで開発されているのはCキャブ（IMV2）アクセスドアなどの派生的仕様が中心でグローバルな仕様の企画，設計には至っていない。また，Zの機能（設計図を承認する機能）はタイにも与えられておらず，タイだけでは設計図が承認されないため設計が完結しない。さらに，タイ以外の国に与えられているのはサフィックスの提案機能のみで，企画，設計機能は持っておらず，設計情報は創造されていない。企画，設計の中心が日本であることに変わりはなく，そのような意味で現地は設計情報の転写に「概ね」専念しているのである。

49　ただし，新興国現地子会社はTMC（Toyota Motor Company，日本のトヨタ自動車本社）に垂直的に統合された製造子会社であり，TMCの製品しか製造しない。この点で，開発会社に統合されず，どの会社が開発した製品でも製造し，開発会社と水平的分業関係にあるファウンドリーとは異なる。

篇，特に第2章を参照されたい。

## （論点2）＜企業内世界分業によるグローバル供給態勢の変化 ～製造組織のグローバル分業構造の変化～＞

　IMVの製造組織は，日本の本社と現地子会社を垂直統合したまま，四つのグローバル供給拠点で地域別の分業をして世界170カ国へ供給する態勢を構築し，また内製コンポーネントは各国の拠点で製品別の集中生産＝生産分業態勢を構築している。

　垂直統合されている点は変わらないが，新興国の拠点間での担当する地域別，担当する内製コンポーネント別の分業が新たに構築された。それまでの，**重複投資＆重複生産**から**集中投資＆分業生産**への転換，TMCの製造組織のグローバル分業構造の変化である[50]。これについては第5章で詳述する。

## （論点3）＜正味作業時間比率の向上（＝ムダな時間の削減）から見たIMV製造ライン＞

　大野耐一[1978]の七つのムダ：① 作り過ぎのムダ，② 手待ちのムダ，③ 運搬のムダ，④ 加工そのもののムダ，⑤ 在庫のムダ，⑥ 動作のムダ，⑦ 不良をつくるムダ。このうち，①と⑤以外のムダは，**正味作業時間**（付加価値を生産する時間，マルクスの生産的労働，藤本[2001b][51]の「付加価値と言う情報が転写されている時間」161頁）に入らないという意味でムダ，労働時間のうち付加価値を生まない時間（不生産的労働）である。

　IMVの製造ラインでは，混流生産が生み出す車種別の作業時間の違いが生み出す② **手待ちのムダ**を次のように削減している。すなわち，(a) ラインの

---

50　なお，こうした変化は，① 重複投資の原因であった各国の国産化規制がWTOのTRIM協定によって廃止されたこと，② 東南アジアではAFTA（2003年），南米ではメルコスールなど，新興国のFTAにより域内関税が撤廃されたことで域内相互補完が可能になったこと，この二つが実現の条件になっている。

51　[2001b]は，トヨタの「標準作業」の分類を紹介しながら作業時間を「**正味作業**」，「**付加価値のない作業**」（今の作業条件の下ではやらなくてはならないもの，部品を取りに歩くなど），「**ムダ**」（手待ち，意味のない運搬など）に分け，「トヨタ式」の作業改善・生産性向上活動の基本を「『正味作業時間』の比率を高め，『ムダ』をただちに徹底的に排除し，『付加価値を生まない作業』も徐々にできるだけ圧縮しよう」（159頁）とするものとしている。

外に工数の多い車の作業を行うバイパスラインを設置したり，(b) 工数の多い車が流れて来た時にライン内に追加人員を投入したりして工数の多い車と少ない車との間のサイクルタイムの違いを平準化し，作業時間の少ない車での手待ちのムダを削減し，正味作業時間を拡大している。

このうち (a) の方法は TMC では一般的な方法だが，(b) のインラインバイパス[52]は日本では少ないが，IMV では南アフリカの TSAM，アルゼンチンの TASA で本格的に実施されており，IMV に独自のルーチンとなっている[53]。→（論点4）も参照。

また，SPS[54]を導入している工場では，部品箱を車内に置くことで部品棚に取りに行く歩行のムダ（⑥の動作のムダ）を削減し，SPS 導入前の「選び取る」+「取り付ける」を，導入後は「取り付ける」だけに単純化することで，取り付け漏れ，取り付け間違いによる手直し（⑦の不良が生み出すムダな時間）を削減し，正味作業時間比率を向上させている。

他方で，SPS では数台分の部品を SPS 台車に載せてラインサイドに運搬するが，この運搬を人間が運転する牽引車で行うと，**SPS はロット供給より運搬回数が多いため，運搬に要する時間**（したがって，それに必要な人員）**が増加**する。これは③の運搬のムダであり，組み付けラインでの歩行のムダの削減で相殺されないと総労働時間が増加し，正味作業時間比率が低下する。

その対策として，台湾工場（国瑞汽車）では **AGV** を導入して運搬を自動化して総労働時間の削減（正味作業時間比率の向上）に成功している。しかし，AGV は導入コストが高く，「脱線による部品供給停止→ラインストップ」のリスクを抱えていることなどから，台湾工場以外には広がっていない。

このため，台湾工場以外では，**運搬時間の増加による総時間の増大により正味作業時間比率が低下**していると見られる。なお，組み付けラインでの「選び取る」作業の廃止分はセットパーツ上での「選び取る作業」の新設分として現れるため総労働時間に増減は無い。運搬時間の増加分が総労働時間の純増分として現れ，正味作業時間比率を低下させるのである。

---

52　インラインバイパスについては第7章第2節で詳述する。
53　これについては，論点4も参照されたい。
54　SPS については，第7章第3節で詳述する。

**(論点4)＜需要変動対応能力からみた IMV 製造ライン＞**

現代の自動車生産では，市場の様々なニーズに応えるため，さまざま車種，仕様の車が開発され，生産される。新興国車である IMV もピックアップトラック（ハイラックス），SUV（フォーチュナー），ミニバン（イノーバ）の3車種があり，さらにピックアップトラックが3車形に分かれ，合計で **5車種** となっている。これに **1250 種類** のサフィックスが加わる。

これらの個々の車種，仕様の車に対する需要は予測が困難であり，製造ラインには **需要変動** に合わせて個々の車種，仕様の **生産数量を調整** できるフレキシビリティが求められる。

このため，トヨタでは 1960 年代頃までの専用ライン生産から，1970 年代以降の混流生産への模索が始まり，80 年代中ごろから混流生産を本格化して今日に至っている。一本のラインで混流生産していれば，そのラインでどの車種，仕様でも生産でき，需要が変動してもそのラインでの生産比率を変えるだけで済むからである。

**IMV の製造ラインも 11 カ国 12 工場の全てで混流である。**

しかし，車種ごと，仕様ごとに生産工数が異なり，したがってそれぞれに **1 工程の作業時間が異なる車を一定のタクトタイム** で **混ぜて流そうと思えば**，工数が多く作業時間が長い車で，1工程あたり作業が終えられる時間をタクトタイムとすることになる。それよりタクトが短いと作業が終わらず，ラインストップするからである。

だが，そうすれば **工数が少なく作業時間が少ない車種** では ② の「**手待ちのムダ**」が発生する。

この手待ちのムダは，論点 ③ の方法などで車種間の作業時間を平準化して解決されている。

おおよそこのようにして，需要変動に対する製造ラインのフレキシビリティが手待ちのムダなく確保されている。これについては，第7章第2節で，南アフリカの製造拠点 TSAM，アルゼンチンの製造拠点 TASA の事例で詳しく見ていく。

**（論点5）＜混流からみたSPSの意味＞**

SPSでは組み付けラインのサイドにラインを流れる車種数に対応した部品を置く必要が無くなるため，製造ラインは部品棚の無いライン，見える化されたラインとなる。

もちろん，部品在庫はSPS場や入荷ヤードに移っているため，⑤の在庫のムダが減るわけではない。しかし，タクトの遅い工場ではただでさえ1工程で取り付ける部品が多いのに，IMV製造工場のように多車種多仕様を混流すると，多種多様な部品を置くための部品棚が森のようにラインを取り囲むことになる。SPSは部品を1台分ずつラインサイドに供給することで，ラインサイドの部品棚を不要にし，この問題を解決（見える化）する。

**（論点6）＜カンバンのルーチンからSPSのルーチンへ＞**

SPS導入前：① 組み付けラインの作業は，ラインサイドの部品棚で指示書に従って流れて来た車種，仕様の部品を「選び取り」，指定された部位に「取り付け」る，② 部品の補充は，ラインサイドの部品棚から出る「カンバン」に従って部品倉庫に「買い物」に出かけ，ロット単位で運搬してくる「カンバン方式」。この二つを製造のルーチンワークとして日々繰り返す。

SPS導入後：① 組み付けラインから部品棚が無くなり，SPS台車に一台分の部品が乗せられて供給されて来るため，車種ごと，仕様ごとに異なる部品を**「選び取る」作業が無くなり，作業者は「取り付け」に専念**する。車内に入る大きさの部品は箱に入れて車内に持ち込んで作業する。

② 車種ごと，仕様ごとに異なる一台分の部品を「選び取り」，SPS台車に乗せる作業は，新設の**セットパーツ場**で行われる。部品の選択は指示書によるか，または，DPS（Digital Picking System）で行われる。そのいずれも，管理部門から出る**生産順序計画**に基づいて行われるため，組み付けラインとセットパーツ場の間では**「カンバン」が無くなる**。

③ SPS台車の運搬は，作業者が運転する**牽引車**に車数台分の**SPS台車を連結して運搬**される。このため，SPS前より運搬頻度が上がるため，総運搬時間が純増する。ただし，台湾工場（国瑞汽車観音工場）では，牽引車の代わりにAGVが使われるため，作業者による運搬時間が無くなっている。とはい

え，AGV の脱線対策など，保全のための時間が新規に発生している。SPS 導入後は，以上の ①〜③ のように**ルーチンワークが変異し**，変異した内容で日々繰り返される。

### （論点7）＜TMC 現法内の内部労働市場の形成と準レントの分配をめぐる対抗＞

IMV の海外製造事業体では，11 カ国 12 事業体すべてで**正規現場オペレーター**の**長期継続的雇用**が行われており，企業内に**内部労働市場**（ドーリンジャー［1971］）が形成されている。

そこでは，カイゼンに関する企業特殊的スキル，すなわち，① 班長をリーダーとする QC サークルで議論し，個人でカイゼン目標件数を持って提案する仕組み，② 原価低減（歩数，作業手順の見直し，作業のやり方＝エルゴノミクスによる作業改善），品質改善（不良率低減，5S など）に現場で取り組むなどのスキルも形成されていた。

標準作業書の改定も現場のカイゼン提案を基に班長が起案し，課長が承認する仕組みが定着していた。現場で標準作業書が改定されるのである。カイゼン活動を業務とする専門のカイゼンチームも設置されており，原価低減，品質改善の両面から作業を見直し，冶具，からくり，ぽかよけなどの製作を行っていた。

現場でのカイゼンは，生産力の面から見れば，それのないラインに比べてより現場適合的な形で生産ルーチンを進化させるが，生産関係の面から見れば，現場作業者に原価低減，品質改善などの精神労働を担わせることであり，そのこと自体がトヨタの，あるいはこれを導入している**日本企業の企業特殊的スキル**である。

この企業特殊的スキルは，転職を防止するための**準レント**（労働価値説から見れば複雑労働に対する対価）を発生させる。この準レントは，転職防止のための（企業特殊的な複雑労働の対価としての）相対的高賃金となって現れる。この準レントは，トヨタにとってはコストであり，労働者にとっては複雑労働に対する報酬だから，労使の利害が対立しており，労使の矛盾が潜在することになる。こうした矛盾は日本にもあり，IMV はそれを新興国に移転している。

こうした**準レントをめぐる対抗**について，企業内ではなく産別に組合が組織されている南アフリカ，企業内組合の結成に対して大量解雇で対抗したフィリピンの事例で考察する。

# 第5章

# グローバル供給態勢（新興国における企業内世界分業）の変化

### ＜グローバル供給拠点は，タイ，インドネシア，南アフリカ，アルゼンチン＞

IMV は新興国専用車として日本で開発されたが，製造工場は日本には無い。日本に製造工場を持たないモデルとしては TUV，タンドラ，セコイアに次ぐモデルである[55]。トヨタの新興 11 カ国 12 工場とエジプト，カザフスタンの T/A ローカル工場，あわせて 13 カ国 14 工場で生産されている。

タイの 2 工場はピックアップ（IMV1，2，3）の，インドネシアはミニバン（IMV5）の拠点工場となっている。これに，南アフリカとアルゼンチンを加えた 4 拠点で輸出用の車両を集中生産し，世界 170 カ国へ輸出するグローバル供給拠点となっている。その他の 7 拠点と 2 つの T/A 工場は自国内供給専用の拠点である。

### ＜マザー工場は日本の TMC 工場＞

四つのグローバル供給拠点が他の IMV 製造工場のマザー工場になっているわけではない。TMC が出資する世界 11 カ国の IMV の製造拠点は，すべて日本の TMC 工場のいずれか，すなわち，元町，田原のいずれかをマザー工場としている。

しかし，すでに述べた通り，日本の TMC 工場は IMV 製造ラインを持っていない。IMV 製造ラインを持たない日本の工場が，新興 11 カ国に立地する IMV 製造工場のマザー工場となっているのである。

---

[55] IMV 以降では，ほぼ同時期に投入された U-IMV（トヨタ・アバンザ，ダイハツ・セニア），2010 年に投入された EFC（エティオス），2013 年に投入された D80N（トヨタ・アギア，ダイハツ・アイラ）がある。

図 5-1　グローバル供給体制

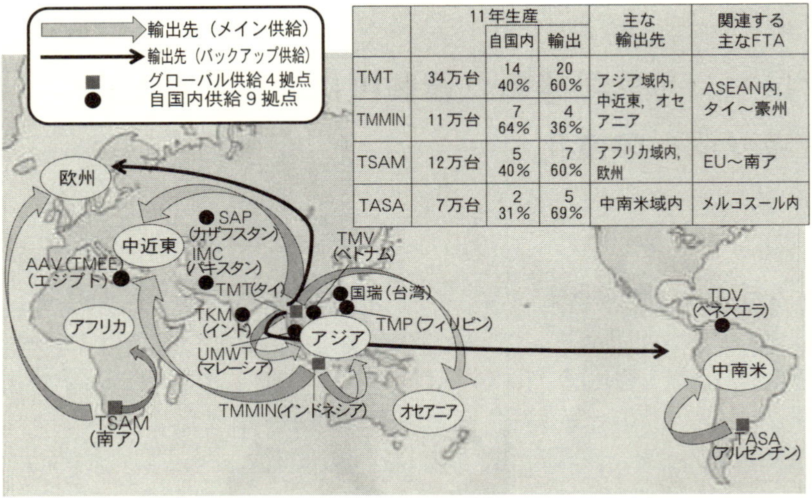

| | | 11年生産 | | 主な輸出先 | 関連する主なFTA |
|---|---|---|---|---|---|
| | | 自国内 | 輸出 | | |
| TMT | 34万台 | 14<br>40% | 20<br>60% | アジア域内、中近東、オセアニア | ASEAN内、タイ～豪州 |
| TMMIN | 11万台 | 7<br>64% | 4<br>36% | アジア域内 | |
| TSAM | 12万台 | 5<br>40% | 7<br>60% | アフリカ域内、欧州 | EU～南ア |
| TASA | 7万台 | 2<br>31% | 5<br>69% | 中南米域内 | メルコスール内 |

凡例：
- 輸出先（メイン供給）
- 輸出先（バックアップ供給）
- ■ グローバル供給4拠点
- ● 自国内供給9拠点

拠点：AAV（TMEE）（エジプト）、SAP（カザフスタン）、IMC（パキスタン）、TMT（タイ）、TKM（インド）、UMWT（マレーシア）、TMMIN（インドネシア）、TMV（ベトナム）、国瑞（台湾）、TMP（フィリピン）、TSAM（南ア）、TDV（ベネズエラ）、TASA（アルゼンチン）

地域：欧州、中近東、アフリカ、アジア、オセアニア、中南米

（出所）　トヨタ自動車「IMV販売累計500万台達成」会見（2012年4月6日）プレゼンにAAVとSAPを追加。

表 5-1　国別・工場別マザー工場一覧

| 国名 | 供給拠点 | 現地法人名 | 工場名 | マザー工場 |
|---|---|---|---|---|
| タイ① | グローバル供給拠点（IMV1, 2, 3, 4） | TMT | サムロン（旧TMT第2工場） | 元町工場 |
| タイ② | | | バンポー | 元町工場 |
| インドネシア | グローバル供給拠点（IMV5）＋IMV4 | TMMIN | カラワン第1 | 元町工場 |
| 南アフリカ | グローバル供給拠点（IMV1, 2, 3, 4） | TSAM | ダーバン工場 | 田原工場 |
| アルゼンチン | グローバル供給拠点（IMV1, 3, 4） | TASA | ザラテ工場 | 田原工場 |
| ブラジル | Toyota Mercosur（バーチャルカンパニー） | TDB | サンベルナルド工場 | 田原工場 |
| インド | 自国内供給拠点（IMV4, 5） | TKM | バンガロール工場 | 元町工場 |
| マレーシア | 自国内供給拠点（IMV1, 3, 4, 5） | ASSB | — | 元町工場 |
| フィリピン | 自国内供給拠点（IMV5） | TMP | サンタ・ロサ | 元町工場 |
| ベトナム | 自国内供給拠点（IMV4, 5） | TMV | ハノイ | 元町工場 |
| 台湾 | 自国内供給拠点（IMV5） | 国瑞汽車 | 観音工場 | 元町工場 |
| パキスタン | 自国内供給拠点（IMV1, 3, 4） | IMC | カラチ工場 | 元町工場 |

（出所）　筆者による各工場でのヒアリング結果をまとめた。

## ＜各拠点のマザー工場＞

　国別・工場別のマザー工場一覧は表の通りである。いずれもマザーライン無きマザー工場であり，マザーといっても，ラインのマザーは日本にはない。駐在員の派遣元，また，現地工場の製造の相談相手，日本の生産技術に繋ぐ案件の窓口という意味でマザーである。TMCではTUV，タンドラ/セコイアに次ぐケースである。

　TMCでは，TPSの考え方は国内，海外ともに全工場共通と言って良いが，その具体的なやり方は日本のマザー工場と現地工場で異なる面がある。特に21世紀におけるTPSの進化の核心部分ともいえるSPSの導入について，日本の元町工場でいったん導入されたSPSが廃止される一方で，IMV製造拠点では南アフリカ，マレーシアを除いて導入が進んでおり，IMV製造拠点以外でも中国・広州工場が本格的なSPS導入工場として立ち上がるなど，マザー工場と現地工場で正反対の方向となっている。

　SPSは製造ルーチンの変異，製造組織の進化と考えられるが，マザー工場の動き（導入→廃止）が横展せず，逆に新興国でSPSが独自に広がっており，製造組織のルーチンが分化している。また，新興国内でもIMVのグローバル供給拠点である南アフリカで導入されないなど，分化が見られる。進化がトヨタの製造拠点間で分化する形で進んでいるのである。

## ＜マザー工場の役割＞

　マザー工場は「製造」のマザーとして現地製造の相談にのる。また，「生産技術」はTMCの生産技術が統一的に見ているが，現地製造→マザー製造→TMC生産技術のラインで相談，要望は可能となっている。

　LO前は日本の生産技術が全面的にバックアップし，生産技術の要員も応援で派遣されるが，LO後の製造の管理とカイゼンは駐在員が主導している。この現地製造の管理とカイゼンについてマザー工場が相談にのっている。

　LO後においては，日本人駐在員がマザー工場で学んだやり方（TPSをベースとする工場独自のやり方）で，マザー工場にないラインを管理したり，カイゼンしたりしていく。

　ただし，工程設計は本社の生産技術が行っており，現地駐在員はそれを導入

したりカイゼンしたりする役割に限定される。

### ＜グローバル供給4拠点＋フィリピン，インド，マレーシア同時起ち上げ，残りの自国供給専用6拠点も順次起ち上げ＞

IMVの生産起ち上げは，日本で起ち上げてから海外へ展開するプロダクト・サイクル方式ではなく，最新モデルを海外で，しかも新興国で起ち上げる方式である。グローバル「へ」生産を展開するのではなく，グローバル「から」生産を創造し，展開している。

この方式でグローバル供給4拠点＋フィリピン，インド，マレーシア拠点を同時起ち上げし，残る自国向け供給6拠点も順次起ち上げされた。

### ＜年産100万台，累計700万台を突破＞

2012年に年産110万台を達成し，2013年も107万台で2年連続100万台以上を達成した。カローラに迫る台数で量産効果を発揮している。IMVは，カローラと並んでトヨタの標準化，Global Best追求の現段階の象徴である。

図5-2 「新興国」13事業体14工場にて生産

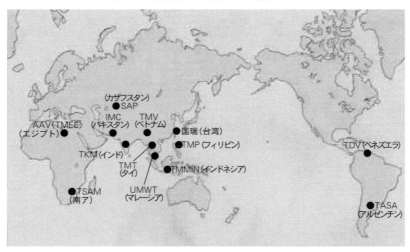

（出所）　トヨタ自動車「IMV販売累計500万台達成」会見（2012年4月6日）プレゼンにAAVとSAPを追加。

第5章 グローバル供給態勢（新興国における企業内世界分業）の変化　87

表5-2　生産能力の増強

販売・生産台数の増加にあわせ，アジアを中心に生産能力を増強

〈IMV関連の主な生産能力増強〉

| | 内容 | 投資額 |
|---|---|---|
| 05年 | TMMIN（インドネシア）車両生産能力増強 | 43億円 |
| 07年 | TMT（タイ）車両生産能力増強 | 540億円<br>（150億バーツ） |
| 08年 | TAP（フィリピン）マニュアルT/M生産能力増強 | 120億円<br>（56億ペソ） |
| 10年 | STM（タイ）ディーゼルE/G生産能力増強 | 173億円 |
| 11年 | TMT（タイ）車両生産能力増強<br>TASA（アルゼンチン）車両生産能力増強<br>STM（タイ）ディーゼルE/G生産能力増強 | 255億円 |

（出所）　トヨタ自動車「IMV販売累計500万台達成」会見（2012年4月6日）プレゼンより作成。

図5-3　生産台数の推移

04年の立上げ以降，生産台数を年々増加

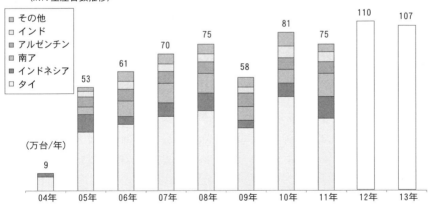

（出所）　トヨタ自動車「IMV販売累計500万台達成」会見（2012年4月6日）プレゼンより作成。

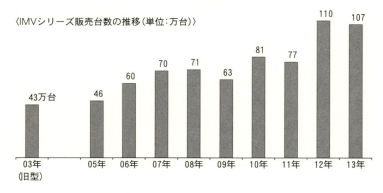

図5-4 販売台数の推移

新興国市場の拡大もあり、年々販売台数が増加。2011年は大震災・タイ洪水による供給不足の中、77万台の販売。2012年は回復して史上最高の110万台を達成、2013年は107万台で2年連続百万台を超える。

〈IMVシリーズ販売台数の推移（単位：万台）〉

03年(旧型) 43万台／05年 46／06年 60／07年 70／08年 71／09年 63／10年 81／11年 77／12年 110／13年 107

（出所）トヨタ自動車「IMV販売累計500万台達成」会見（2012年4月6日）プレゼンより作成。

また、IMVは、TMCのグローバル・コア・モデル4車種のうちの一つとなっているが、グローバル・コア・モデル4車種（カローラ、カムリ、ヤリス、IMV）で、TMCの連結販売台数の3割以上を占める。過去からの累計でみると販売期間の長いカローラには及ばないが、単年度では、カローラに迫る規模に達しているのである。

【カローラ、T型フォード、VWビートル、ゴルフの比較】
・カローラ　年産100万台超、累計4000万台（1966～2012年）、累計台数は世界1、フォーディズムを超えた車、世界140カ国で販売。
・T型フォード　1500万台（1908～1927年）
・VWビートル　2150万台（1938～2003年）
・VWゴルフ　2500万台（1974～2007年3月）

IMVは、2012年3月に累計500万台[56]を突破した。これは、2004年のLO

---

56　TMCは販売台数として発表したが、生産台数とほぼ一致している。

第5章　グローバル供給態勢（新興国における企業内世界分業）の変化　89

図 5-5　地域別販売台数

アジアのみならず，新興・資源国全般において好調な販売

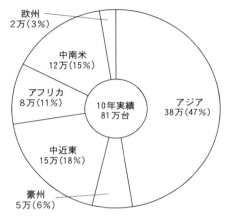

（出所）　トヨタ自動車「IMV 販売累計 500 万台達成」会見
　　　　（2012 年 4 月 6 日）プレゼンより作成。

図 5-6　車種・ボデー別販売台数

特に，IMV-3（D キャブ）がワークユースからレジャー用途まで
幅広いお客様に受け入れられ，好調な販売

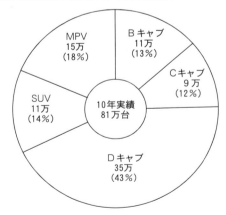

（出所）　トヨタ自動車「IMV 販売累計 500 万台達成」会見
　　　　（2012 年 4 月 6 日）プレゼンより作成。

図 5-7 エンジン＆駆動タイプ（集中生産で内製）

（出所）　トヨタ自動車「IMV 販売累計 500 万台達成」会見（2012 年 4 月 6 日）プレゼンより作成。

以来 8 年で実現した。2013 年末に 685 万台，2014 年には累計 700 万台を超える。現行モデルとしては，北米，日本，中国にも投入されるグローバルカーのカローラ，ゴルフには劣るが，新興国専用車としては，トヨタ以外も含めて見ても，唯一のグローバルレベルでの量販車と言える。

＜コンポーネント（モジュール）は内製して集中生産→各現地法人に供給＞

ディーゼルエンジンは TMT，ガソリンエンジンは TMMIN で集中生産してスケールメリットを追求している。同様に T/M は TAP と TKAP で集中生産しており，スケールメリットでコストダウンを図っている。

しかし，いずれも内製であり，賃金等が相対的に低い Tier1 に外注し，価格改定でコストを下げる手法は取られていない。

ステアリングコラムはマレーシアで集中生産。これは，Tier1 に外注されており，上記のコストダウンメーカーニズムが働いている。スケールメリットと外注メリットでコストダウンしている。

以上，トヨタの海外ビジネスの歴史から見れば，第 2 段階「需要のある地域で生産」（～00 年代初）から第 3 段階「世界規模での効率的な生産・供給」（04 年 IMV～）へ，グルーバル供給態勢の変化，企業内世界分業態勢の変化が読み取れる。

第5章　グローバル供給態勢（新興国における企業内世界分業）の変化　91

表5-3　IMV用M/Tのエンジン・トルク対応関係と生産場所

| エンジン | | 排気量 | 燃料 | 最大トルク | | 回転数 | 搭載M/T | 生産場所 | | | |
|---|---|---|---|---|---|---|---|---|---|---|---|
| 型式 | 種類 | cc | | Nm | kgm | rpm | 型式 | AI-AT | AI-A | TKAP | TAP |
| 1KD | 直列4気筒 | 2982 | ディーゼル | 343 | 35.0 | 1400〜3200 | R | ○ | ○ | ○ | |
| 2KD-H 高トルク版 | 同上 | 2494 | 同上 | 260 | 26.5 | 1600〜2400 | R | ○ | ○ | ○ | |
| 2KD-L 低トルク版 | 同上 | 2494 | 同上 | 200 | 20.4 | 1200〜3200 | G | | ○ | | ○ |
| 5L-E | 同上 | 2986 | 同上 | 196 | 20.0 | 2600 | G | | ○ | | ○ |
| 1TR | 同上 | 1998 | ガソリン | 182 | 18.6 | 4000 | G | | ○ | | ○ |
| 2TR | 同上 | 2694 | 同上 | 241 | 24.6 | 3600 | G | | ○ | | ○ |
| 1GR | V型6気筒 | 3956 | 同上 | 343 | 35.0 | 4000 | R | ○ | | ○ | |

（注1）　最大トルクのNmはnewton metre（ニュートンメートル），kgmはキログラムメートル。
（注2）　搭載M/Tの型式はトヨタ製の型式。アイシン製の場合はRがAR，GがAGとなる。
（注3）　AI-AT：アイシンAIタイランド，AI-A：アイシン・エーアイ，TKAP：トヨタ・キルロスカ・オート・パーツ，TAP：トヨタ・オートパーツ・フィリピン。
（出所）　2007年3月7日に実施したアイシン・エーアイでのヒアリングに基づき作成。


表5-4　TKAP Products Volume in 2011

R型トランスミッション輸出先＆台数（生産台数と同じ）

| 輸出先 | 2011 | | | | | | | | | | | | |
|---|---|---|---|---|---|---|---|---|---|---|---|---|---|
| | 1月 | 2月 | 3月 | 4月 | 5月 | 6月 | 7月 | 8月 | 9月 | 10月 | 11月 | 12月 | 計 |
| タイ | 9720 | 9648 | 9828 | 9540 | 0 | 8532 | 10524 | 10956 | 11568 | 8580 | 0 | 9048 | 97944 |
| マレーシア | 2808 | 3192 | 3420 | 4080 | 1044 | 2520 | 3084 | 2724 | 2004 | 3732 | 2592 | 6300 | 37500 |
| インド | 986 | 973 | 1056 | 660 | 687 | 1009 | 1036 | 905 | 1140 | 737 | 840 | 745 | 10774 |
| 計 | 13514 | 13813 | 14304 | 14280 | 1731 | 12061 | 14644 | 14585 | 14712 | 13049 | 3432 | 16093 | 146218 |

IMV5用3ユニット（プロペラシャフト，F/Rアクスル）販売先＆台数（生産台数と同じ）

| 輸出先 | 2011 | | | | | | | | | | | | |
|---|---|---|---|---|---|---|---|---|---|---|---|---|---|
| | 1月 | 2月 | 3月 | 4月 | 5月 | 6月 | 7月 | 8月 | 9月 | 10月 | 11月 | 12月 | 計 |
| インド | 4663 | 4420 | 4283 | 3199 | 3222 | 4606 | 4810 | 4213 | 4843 | 3430 | 4975 | 5443 | 52107 |

（出所）　筆者によるTKAPでのヒアリング結果をまとめた。

# 第 6 章

# 製造拠点の概要

## 第 1 節　IMV 生産 11 カ国，12 工場調査

　IMV を製造する 11 カ国 12 工場については 2004 年から数年以内に起ち上げられたので，モデル初期とモデル末期の 2 回に分けて調査している。
　〔モデル初期〕2006〜07 年　　〔モデル末期〕2012〜14 年
　その調査結果を一覧表の形で提示しておく。なお，工場ごとの注記事項は以下の通り。
　タイの IMV 製造拠点である TMT サムロン工場と TMT バンポー工場については，同社からの要請により，2 回目（2012 年 8 月 31 日）のヒアリング結果は利用していない。サムロン工場は 2006 年 3 月 23 日の取材結果，バンポー工場は 2012 年に別の方々が取材して得た事実を提供して頂き，それらを筆者が再構成した。
　タイには TMT のサムロン工場とバンポー工場の他に，トヨタ車体を中心に設立された TAW（Thai Auto Works）があった。TAW ではフォーチュナーが製造されており，2006 年には調査したが，2010 年にフォーチュナーの生産が TMT に移管され，TAW の生産そのものも休止となった。一覧表の多くの項目が埋められないため，TAW は割愛した。
　ベネズエラについては，2006 年に一度調査しているが，2013 年 4 月の二度目の調査は大統領選挙突入による政情不安で現地入り後に工場訪問延期となり，代わりに入れた 6 月の訪問予定も政情不安の継続で再延期となった。9 月の訪問も「自動車価格統制」の導入で生産中止の恐れがあり危ぶまれたが，最終的に訪問・調査が実現した。

### ＜エジプトの生産事業体について＞

この他に，2012年4月から12カ国目（13工場目）としてエジプトが加わり，現地組立会社 Arab American Vehicle Co.（AAV）に委託してIMV4（フォーチュナー）の生産が始まっている。

同社は，IMVの海外製造事業体の中で，TMCの資本が入っていない二つの企業のうちの一つである。TMC以外の日本の企業の資本も入っておらず，エジプトの純ローカル企業である。

組立委託元は，Toyota Motor Engineering Egypt S.A.E.で，同社の出資比率はトヨタ自動車40％，豊田通商40％，トヨタエジプト20％となっている。

現在，調査計画中であるが，現地政情不安のため生産中止となっており，調査予定も未定である。

### ＜カザフスタンの生産事業体について＞

TMCから2014年春からカズフスタンでの事業開始のプレスリリースがあり，TMTのTier1向け生産計画表にカザフスタンの名前が掲載されている。

現地ローカル組立メーカーであるサリアルカ・アフトプロム社（SAP）が，フォーチュナー（IMV4）を組み立て予定である。SAP社もエジプトのAAV社と同様にトヨタの資本はもちろん日本企業の資本も入らない純ローカル企業である。TMCの計画では年産3000台である。

2014年1月時点で生産開始していないため，本書では，カザフスタンをIMV生産国，サリアルカ・アフトプロムをIMV生産事業体としてカウントしないことがある。

以下，筆者の各工場でのヒアリング結果をまとめておく。なお，ブラジルの拠点はIMVのコンポーネント製造拠点であり，IMVの完成車は組み立てていないが，アルゼンチンの拠点とバーチャルカンパニーを形成し，ブラジル側で統括しているため，一覧に掲載した。

## 表 6-1 (1)

| 国 | | タイ | インドネシア | 南アフリカ | アルゼンチン | ブラジル |
|---|---|---|---|---|---|---|
| 供給拠点 | | グローバル供給拠点 IMV1, 2, 3, 4 | グローバル供給拠点 IMV5＋IMV4 | グローバル供給拠点 IMV1, 2, 3, 4 | グローバル供給拠点 IMV1, 3, 4 Toyota Mercosur (バーチャルカンパニー) | |
| 現地法人名 | | TMT (Toyota Motor Thailand Co., Ltd.) | TMMIN (PT. Toyota Motor Manufacturing Indonesia) | TSAM (Toyota South Africa Motors (Pty) Ltd.) | TASA (Toyota Argentina S.A.) | TDB (Toyota do Brasil Ltda.) |
| 現地法人設立 | | 1962年10月1日 | 1971年4月 (設立時 TAM) 2003年8月 TMMIN 設立 | 1962年6月 | 1994年5月 | 1958年1月 |
| 出資比率 ( ) 内は出資者の出資比率 | | TMC86.4：サイアムセメント10.0：現地ディーラー29社2.2：バンコク銀行1.3：現地人幹部0.1 | TMC95:TAM=Toyota Astra Motor5 (TMC49:Astra international51) | Toyota South Africa100 (TMC100) | TMC99.99： ToyotaDoBrasil (TDB)0.01＝1株 | TMC100 |
| 工場名 | | サムロン (1964年量産開始) | バンポー (2007年1月量産開始) | カラワン第1 (1998年3月量産開始) | ダーバン工場 | ザラテ工場 (1997年3月量産開始) | サンベルナルド工場 (1959年5月量産開始) |
| | | Samrong | Banpho | Karawang 1st Plant | Durban Plant | Zarate Plant | Sao Bernardo do Campo(SBC)Plant |
| ライン数 | | 1 | 1 | 1 | 2 | 1 | |
| ラインの特徴 | | IMVの3車形を1本のラインで混流 | IMVの3車形を1本のラインで混流 | IMVの2車形を1本のラインで混流 | ①IMV専用ライン1本 (IMV1, 2, 3, 4の混流) ②カローラ専用ライン1本 | ①IMV専用ライン (IMV1, 3, 4の混流) 混流の要因は大別すると以下の3点。 ■2TR（ガソリンFlex），1KD，2KD ■A/T＆M/T ■リーフ(IMV1, 3) or コイル(IMV4) | カローラ用ボディプレスとIMV用F&Rアクスル組立。TASA で生産するIMV1, 3, 4用アクスル生産。Rアクスルの工程は①「U字型溶接＆MC」②「U字型組み付け」③Rシャフトとブレーキアッシーを組み付けるサブライン④塗装⑤検査からなる。Fアクスルはアッパーとロワーのアーム組み付け。IMV1, 3, 4のRアクスルは、8割はPUのリーフ用、2割はSUVのコイル用に加工。他にABS取付用の穴が9割に有、1割に無。計4種類。TASAの引きに合わせて5台ロットで生産平準化。4種類の工数差は少ない。R5個とFのRL10個を1台車にセットして出荷。リーフ、コイル、ABS取付はTASA。 |
| 混合車種 (sfx: suffix数) | IMV1 | IMV1 シングルキャブ＝Bキャブ | ― | ― | IMV1 南ア 9＋欧州 79＋アフ 33＝121sfx | IMV1 | |
| | IMV2 | IMV2 セミダブルキャブ＝Cキャブ | IMV2 セミダブルキャブ＝Cキャブ | ― | 南ア 3＋アフ 1＝4sfx | ― | |
| | IMV3 | IMV3 ダブルキャブ＝Dキャブ | IMV3 ダブルキャブ＝Dキャブ | ― | 南ア 9＋欧州 150＋アフ 70＋カリブ 11＝240sfx | IMV3 | |
| | IMV4 | ― | IMV4 SUV | IMV4 SUV | 南ア 8＋アフ 23＋カリブ 7＝38sfx | IMV4 | |
| | IMV5 | ― | ― | IMV5 ミニバン | ― | ― | |
| | その他 | ― | ― | ― | ― | ― | |
| | 別工場, 別ラインでの混流 | ゲートウェイ（Gateway）工場の混流 カムリ, カムリHV, カローラ, ヴィオス, ヤリス (2010年8月25日時点) | カラワン第2工場の混流ティオスフォルチ, ヴィオス, リモ（タクシー）, ヤリス | カローラ専用ラインの混流 276sfx | | | |
| | 合計 | IMV1, 2, 3合計 3車形 252sfx (うちタイ向 28s, 輸出向 224sfx) | | | IMV1, 2, 3, 4合計 4車形 403sfx 工数の多い車と少ない車の工数差を吸収するため、工数の多い車の工数を、①プレトリムライン、②バイパスライン、③インライン・バイパスで吸収している。 | IMV1, 3, 4合計 3車形 158sfx 工数の多い車と少ない車の工数差を吸収するため、工数の多い車の工数を、①プレトリムライン、②バイパスライン、③インライン・バイパスで吸収している。 | |
| 独自仕様 | | Cキャブ アクセスドア | Cキャブ アクセスドア | | ①ディーゼルに5L。②1, 2, 3背面ガラス左右に開く。 | | IMV用は1, 3, 4用のF&Rアクスルのみ組立。 |
| EG仕様 | | ディーゼル:1KD(2,982cc), 2KD(2,494cc) ガソリン:1TR(1,998cc), 2TR(2,693cc), 1GR(V6・3,955cc 日本製) | 1TR(Innova) 2TR(Fortuner) 2KD(Innova & Fortuner) | ① 1 & 2KD＋5L ② 1 & 2TR | ① 1 & 2KD ② 2TR | | |
| IMV | LO 量産開始年 | IMV1, 2, 3 (2004年8月) | IMV1, 3(2007年1月) IMV2（2008年） IMV4(2010年※) ※2005-10年はThai Auto Worksが製造 | IMV5(2004年9月) IMV4(2006年10月) | IMV1, 2, 3 (2005年4月) IMV4(2006年2月) | IMV1, 3 (2005年2月) IMV4(2005年9月) | ― |
| IMV以前 | 車種名 | Hilux | Hilux | TUV / Kijang | TUV / Condor | Hilux | Hilux & Bandeirante |

第6章 製造拠点の概要　95

表6-1 (1)

| インド | マレーシア | フィリピン | ベトナム | 台湾 | パキスタン | ベネズエラ |
|---|---|---|---|---|---|---|
| 自国内供給拠点 IMV4, 5 | 自国内供給拠点 IMV1, 3, 4, 5 | 自国内供給拠点 IMV5 | 自国内供給拠点 IMV4, 5 | 自国内供給拠点 IMV5 | 自国内供給拠点 IMV1, 3, 4 | 自国内供給拠点 IMV3, 4 |
| TKM (Toyota Kirloskar Motor Private Ltd.) | ASSB (Assembly Services Sdn. Bhd.) | TMP (Toyota Motor Philippines Corp.) | TMV (Toyota Motor Vietnam Co., Ltd.) | 国瑞汽車 (Kuozui Motors, Ltd) | IMC (Indus Motor Company Ltd.) | TDV (Toyota de Venezuela Compania Anonima) |
| 1997年10月 | 1968年5月設立・1975年ASSBに社名変更 | 1988年8月 | 1995年9月 | 1984年4月 | 1989年12月 | 1957年設立・1997年TDVに社名変更 |
| TMC89：キルロスカ・グループ11 | UMWT100 (TMC39、トヨタ通商10：UMWC51) | Metrobank Group51：TMC34：三井物産15 | TMC70：Vietnam Agriculture Machine 20：KUO(シンガポール) 10 | TMC70：他 30 | TMC25：トヨタ通商 12.5：現地62.5 | TMC90：他 10 |
| バンガロール 第1工場 (1999年量産開始) Bangalore 1st Plant | — | サンタ・ロサ工場 (1997年旧場から移転) Santa Rosa | ハノイ工場 (1997年6月量産開始) | 観音工場 (1995年量産開始) Kuan-Yuin | カラチ工場 (1993年量産開始) Karachi Plant | クマナ工場 — |
| 1 | 4 | 1 (2) | 2 | 1 | 2 | 2 |
| ①第1工場 IMVライン 1本 (IMV1, 4, カローラの混流) ②第2工場 セダン専用ライン 1本 (エティオス、同リーバの混流) | ①IMV専用ライン (IMV1, 3, 4, 5の混流) ②セダン専用ライン (カムリ、ヴィオス、の混流) ③ハイエース専用ライン ④日野ライン(溶接のみ) | ①蓋物取付とファイナルは1本の混流ライン。 その他は②IMV専用③ヴィオス専用の2本 | ①IMV専用ライン IMV4, 5の混流 ②セダン専用ライン (ヴィオス、カローラ、カムリの混流) | ①IMVとセダン4車種を1本の混流で。■組み付けのトリム、ファイナルは5車種混流。■シャシのみセダン4車種混流、その部分はIMVではフレームの専用ライン。 | ①IMV専用ライン1本(IMV1, 3, 4の混流) ②カローラ専用ライン1本 (ダイハツCuoreは2012年で打ち切り) | ①1IMVライン IMV3, 4の2車種を1本で10台ロットで混流 ②乗用車ラインカローラとテリオスの混流 |
| — | IMV1 1sfx | — | — | — | IMV1 2sfx | — |
| — | IMV3 3sfx | — | — | — | IMV3 2sfx | IMV3 3sfx 2.7ℓ 2TR(AT/MT) 4.0ℓ V6(AT) |
| IMV4 3sfx | IMV4 2sfx | — | IMV4 3sfx | — | IMV4 1sfx | IMV4 2sfx 4.0ℓ V6 (AT/MT) |
| IMV5 21sfx | IMV5 3sfx | IMV5 12sfx | IMV5 4sfx | IMV5 ミニバン | — | — |
| カローラ | — | ヴィオス 6sfx | — | ①カムリ(ガソリンとHV) ②ウィッシュ(3列シート) ③ヴィオス④ヤリス | — | — |
| 第2工場の混流 エティオス、同リーバ | | | セダン専用ラインの混流 ①ヴィオス②カローラ③カムリ | | | |
| IMV4, 5とカローラの合計 3車形 24sfx + カローラ sfx) | IMV1, 3, 4, 5 合計 4車形 9sfx | IMVとヴィオスの合計 2車形 18sfx | IMV4, 5 合計 2車形 7sfx | IMVと乗用車の合計 5車形 53sfx | IMV1, 3, 4合計 3車形 5sfx。PUとSUVの工数差大。作業量としてはIMV1：20分 IMV3：30分 IMV4：45分 これを30分タクトで流す。平準化しなければPU待ちのムダ、SUVでラインストップ。1工程の人員をSUVで増やす。 | IMV3, 4 合計 2車形 5sfx |
| | | | | | ①IMV3にエアロ仕様。 ②国境警備隊用のIMV3に5L。 | |
| 1KD(Fortuner) 2KD(Innova) | 1TR(Innova) 2TR(Fortuner) 1KD(Hilux) 2KD(Hilux, Fortuner) | 1TR | 1TR(Innova) 2TR(Fortuner) | 1TR | ①IMV1：5L ②IMV3：2KD ③IMV4：2TR | 1KD(Hilux) 1GR(Hilux & Fortuner) |
| IMV5(2005年2月) IMV4(2009年8月) | IMV1, 3, 4, 5 (2005年) | IMV5 (2005年1月) | IMV5(2006年1月) IMV4(2009年2月) | IMV5(2007年6月) | IMV1(2007年10月) IMV3(2010年10月) IMV4(2013年2月) | IMV3(2005年7月) IMV4(2006年3月) |
| TUV / Qualis | TUV / Unser | TUV / Tamarau | TUV / ZACE | TUV / ZACE | Hilux | ランドクルーザー |

表 6-1 (2)

| 国 | | タイ | | インドネシア | 南アフリカ | アルゼンチン | ブラジル |
|---|---|---|---|---|---|---|---|
| 現地法人名（略称）および工場名 | | TMT | | TMMIN | TSAM | TASA | TDB |
| | | サムロン Samrong | バンポー Banpho | | | | |
| 混流 | 蓄物取付以前 | ピックアップトラック3車形（IMV1, 2, 3）を1本のラインで混流 | ピックアップトラック2車形（IMV2, 3）とSUV（IMV4）を1本のラインで混流 | SUV(IMV4)とミニバン(IMV5)の2車形を1本のラインで混流 | ピックアップトラック3車形（IMV1, 2, 3）とSUV（IMV4）を1本のラインで混流 | ①溶接ライン アンダーボディ、メインボディ、シェルボディに分けて溶接し、最後に1本のラインで三つの部分を溶接して結合。結合する部分では3車種を混流。②組み付けライン ピックアップトラック2車形（IMV1, 3）とSUV（IMV4）を1本のラインで混流。 | — |
| | 蓄物取付 | | | | | | |
| | トリム | | | | | | |
| | シャシ | | | | | | |
| | ファイナル | | | | | | |
| | 生産能力（年産）マレーシア、ベネズエラは実績 | 合計：230,000台 | 合計：220,000台 | 110,000台 | | 92,000台 ・IMV1(5%) ・IMV3(80%) ・IMV4(15%) 2011年11月に能力増強。それまでは年産7万台、IMV1、3、4を生産。 | |
| シフト | | 2 | 2 | 2 | 2 | 2シフト（6:00～15:10、15:40～00:40） | |
| タクト | IMVライン（or専用部分） | 55秒（1, 2, 3混流） | 58秒（2, 3, 4混流） | 1分42秒（4, 5混流） | 130秒（4車形 403sfx） | 136秒（2分16秒） | |
| | セダンライン（or専用部分） | | | | 360秒（1車形 276sfx） | （IMV専用工場のためセダンラインは無い） | |
| | IMVとセダンの混流（or第3ライン） | | | | — | （同上） | |
| SPS | 溶接蓄物取付 | | | ○ | × | × | |
| | トリム | × | ○ | △（カンバンとの混成） | ×（インパネサブラインでSPS） | ×（2011年1月に導入） | |
| | シャシ | × | ○ | △（同上） | ×（EGサブラインでSPS） | × | |
| | ファイナル | × | ○ | △（同上） | | | |
| | AGV | | | | × | × | |
| | DPS | | ○ | × | × | × | |
| 調達 | 日系比率 | | | 79.7%（LSPに占める比率） | | 20.5%（アルゼンチン側13.0%、ブラジル側32.4%） | |
| | 国産化率 | IMV1, 2, 3：LSP81％＋MSP13％＝94％ | | IMV5：LSP75％＋MSP21％＝96％ | | 30%(ARG), 25%(BR), 20%(MSP), 25%(CKD) | |
| 従業員 | 直接 | 1,513人 | 3,219人 | | | 4,100人（年産9万2000台、能力増強前は3,300人） | 1,351人 |
| | うち正規（比率） | | （40％台） | | | 4,100人（下記の契約社員も正規に含める） | 1,351人 |
| | うち非正規（比率） | | （50％台） | | | 採用後1年間契約社員→全員正社員に登用。 | 0人 |
| | 間接 | 125人 | 759人 | | | | |
| | 合計 | 1,638人 | 3,978人 | | | | |
| | うち日本人 | 52人（2006年） | | | | | |
| マザー工場 | | 元町工場（SPS導入したが廃止、順建化） | 元町工場（SPS導入したが廃止、順建化） | 元町工場（SPS導入したが廃止、順建化） | 田原工場 | 田原工場（SPS未実施）TDB→TASA | 田原工場。Rアクスルは元町工場に問合せ。TDBは①SBC（1958年設立）、②インダイアツーパ（カローラ7万台、1998年設立）、③ソロカバ（エティオス7万台、2012年設立）の3工場からなる。TDBはトヨタメルコスルを統括しており、TDB駐在員はTASA駐在員を兼ねる。 |

（出所）筆者による各社でのヒアリング結果をまとめた。TMMIN（2012/9/6），TSAM（2013/3/21＆22），TASA（2013/3/25），TDB（2013/3/28），TMTのみ2012年8月31日にヒアリングした内容ではなく、サムロン工場は2006/3/23の取材結果、バンポー工場は2012年に別の方々

第6章 製造拠点の概要　97

表 6-1 (2)

| | インド | マレーシア | フィリピン | ベトナム | 台湾 | パキスタン | ベネズエラ |
|---|---|---|---|---|---|---|---|
| | TKM | ASSB | TMP | TMV | 国瑞汽車 | IMC | TDV |
| | 第1工場でIMV4,5（フレーム24sfx）とカローラ（モノコック）を一本のラインで混流 | ①IMVライン4車形9sfxを1本のラインで混流 ②セダンラインカムリ(3sfx)とヴィオス(5sfx)の2車形8sfxを混流 ③ハイエース専用ラインが別にある。 | 専用　IMVとヴィオスの混流　専用　専用　IMVとヴィオスの混流 | ①第1ラインはIMV2車形 ②第2ラインはセダン3車形を，それぞれ混流 | ・ミニバン2車形(IMV5とウィッシュ)。 ・セダン2車形(カムリとヴィオス)。 ・ハッチバック1車形(ヤリス)。 合計5車形53sfxを1本のラインで混流 | IMV専用ライン ・PU2車形 (IMV1:2sfx, IMV3:2sfx) ・SUV1車形 (IMV4:1sfx) 合計3車形5sfxを1本のラインで混流 | IMV2車形5sfx (IMV3:3sfx, IMV4:2sfx)を1ロット10台単位で生産。 これはCKDが1ロット10台のため。 |
| | 第1工場 90,000台 IMV4:5:カローラ＝1:5:1で混流 第2工場 120,000台 | IMV計：23,506台 ・IMV：3,780台 ・IMV3：13,230台 ・IMV4：1,751台 ・IMV5：4,745台 セダン計：29,734台 ハイエース：4,153台 日野：6,202台 | IMV5：12,000台 ヴィオス：15,000台 | IMV4：6,000台 IMV5：6,000台 セダン：15,000台 | 合計 66,000台 | | IMV：6,760台 (26台/日) |
| | 2 | 2 | 2 | 2 | 2 | 2 | 1 |
| | — | 9分 (IMVライン4車形9sfx混流) | 17分36秒 (IMV専用部分) | 18分 (IMVライン) | — | 30分 (IMV3車形5sfx) | 13分 (車形5sfx10台単位ロット生産) |
| | 120秒 (第2工場のエティオス) | 5分12秒 (セダンライン2車形8sfx混流) | 12分36秒 (セダン専用部分) | 12分 (セダンライン) | | 4分 (カローラ) | |
| | トリム156秒，シャシ159秒，ファイナル162秒 (IMV2車形24sfx+カローラ混流) | (25分) (ハイエース専用ライン) | 7分6秒 (2車種混流部分) | — | 4分05秒 (5車形53sfx混流) | | |
| | × | ×(乗用車ラインに導入) | ○ | ○ | ○ | × | ○(溶接は外注) |
| | ○ | ×(同上) | ○ | ○ | ○ | ○(EG, TM, トランスファ搭載の3Sドーリー供給) | × |
| | ○ | ×(同上) | ○ | ○ | ○ | × | × |
| | ○ | ×(同上) | ○ | ○ | ○ | × | × |
| | × | ×(セダンラインにも×) | | | ○ | × | × |
| | ○ | ×(セダンのSPS場には有) | | | × | × | × |
| | | | | | | 一次サプライヤー44社中1社のみ日系 | JVはBSのみ，T/A5社, 15% |
| | | 2,117人 | 1,184人 | | 1,185人 | 1,966人 | 1,157人 |
| | 6,150人(71%) (間接を含む) | 1,621人(72%) | (62%) | 1,690人(77%) (間接を含む) | 615人(52%) | 1,966人(100%) | 1,157人(100%) |
| | 2,500人(29%) (間接を含む) | 496人(28%) | (38%) | 497人(33%) (間接を含む) | 570人(48%) 契約386人，建教生184人 | 0人(0%) | 0人(0%) |
| | | 774人 | 198人 | | N.A. | 275人 | 342人 |
| | 8,650人 | 2,891人 | 1,382人 | 2,187人 | N.A. | 2,241人(この他に契約社員の運転手51人) | 1,499人 |
| | | 9人 ただし (UMWTに7人) | | 11人 | | | |
| | 元町工場 (SPS導入したが廃止，順建化) | 元町工場 廃止，順建化 ただし，工場長，品質，生管はトヨタ車体から派遣 | 元町工場 (SPS導入したが廃止，順建化) | 元町工場 (SPS導入したが廃止，順建化) | 元町工場 (SPS導入したが廃止，順建化) | 元町工場 (SPS導入したが廃止，順建化) | 田原工場 (SPS未実施) |

TKM(2013/3/20), ASSB(2012/10/4), TMP(2012/8/23), TMV(2012/8/28), 國瑞(2012/10/2), IMC(2013/3/20), TDV(2013/9/3)．
が取材して得た事実を提供して頂き，それらを筆者が再構成した。

## 第2節　11カ国12拠点の概要

### ＜製造組織の多様な進化＞

　表6-1の全体から読み取れることは，トヨタの新興国製造組織が多様に進化を遂げていることである。たとえば，1本の製造ラインで複数の車種を混流していることは共通しているが，混流で高まる「取り付け間違い，取り付け漏れ」のリスクを低減するSPSの導入にはバラつきがあり，タイのサムロン工場，南アフリカ，マレーシア，ベネズエラでは導入さえされていない。これは，欧州の自動車メーカーや部品メーカーが製造についてもグローバル標準を作成して，「どこの工場でも同じやり方でものづくりを行う」方向を目指しているのと対照的である。以下，こうした多様性に焦点を当てながら，項目別に各製造拠点の特徴を概観しておこう。

　(1)　まず，IMVの製造システムやルーチンの標準を体現した「IMVのマザー工場」が存在しないことである。IMVの各国製造拠点のマザー工場は，アジア拠点の場合は元町工場で，アフリカ，南米の拠点の場合は田原工場となっており，一つのマザー工場に統合されていない。また，マザー工場があると言っても，IMV製造拠点の現場はマザー工場のコピーではなく，現地の実情に合わせて構築されたものとなっている。

　さらに，マザー工場と新興国拠点の立場が逆転している事例もみうけられる。たとえば，Pレーンは，IMV製造拠点に2004年頃から先行して導入が始まり，元町工場には2009年に導入されている。南アフリカ，アルゼンチンで本格的に導入されているインラインバイパスも日本の工場で本格的に導入している工場は無い[57]。以上のように，日本のマザー工場に先行して新興国拠点に導入されるプロセスイノベーションも珍しくない[58]。

---

[57]　Pレーンについては，第11章第1節，インラインバイパスについては第7章第2節で詳述する。
[58]　ただし，あくまで「導入」が先行しているのであって，Pレーンやインラインバイパスのようにシステム変更を伴うプロセスイノベーションの場合は，その「開発」は日本の生産技術部が行って

しかし，プロセスイノベーションの導入で先行している新興国工場であっても，そこが他の新興国拠点のマザー工場になっているわけではない[59]。

以上のように，IMV 製造拠点の標準となるシステムやルーチンを体現している「IMV のマザー工場」は存在しない。そのことが，欧州メーカーと異なる，各拠点の多様な進化をもたらしているのである。

(2) 現地法人の出資比率も，① TMC100％（完全子会社）の南アフリカ，アルゼンチン，ブラジル[60]，② TMC マジョリティのタイ，インドネシア，インド，ベトナム，台湾，ベネズエラ，③ 現地マジョリティのマレーシア，フィリピン，パキスタンと多様である。TMC100％（完全子会社）と TMC マジョリティの場合は，取締役の選任や経営の重要事項を決定する株主総会を TMC が支配し，利益の 100％または過半が TMC に分配される。全体としてはこの方向に進んでいるが，現地マジョリティの現地法人も残っている。TMC100％（完全子会社）が少ないのは，① 設立当初の現地政府による外資出資比率規制により，合弁会社として現地法人が設立され，② その後の出資比率規制の緩和を受けて TMC 出資比率を上げてきたが，③ 歴史的経緯からパートナーの出資分が残っているためである。現地政府の出資比率規制に対応し，現地パートナーと合弁することは，TMC の現地適応，進出形態における現地アダプテーションであり，規制の違いとパートナーとの歴史的経緯が出資比率の多様性を生み出しているのである。

---

いる。新興国拠点でもシステム変更を伴わないカイゼンは現地の現場で生み出されているが，それはシステムの変更を伴わない場合に限定されている。

59　その例外の一つとして，TDB（ブラジル）が TASA（アルゼンチン）のマザー工場的存在になっている事例がある。これは，TASA に SPS を導入する際，マザー工場の田原工場で SPS が導入されていなかったため，すでに SPS を導入していた TDB がマザー工場的存在となったというものである。こうしたことが起こったのは，① TASA と TDB はバーチャルカンパニーとしてトヨタ・メルコスールを形成し，TDB 側が統括しているため，TDB が自然な形でマザー工場的な役割を果たせたこと，② 両者とも日本から最も遠い地球の裏側にあり，TDB がマザー工場的役割を果たした方が合理的な面もあったこと，などによると見られる。しかし，こうした事例は数が少ない。

60　TMC が直接 100％出資しているブラジルの場合だけでなく，TMC が 100％出資している子会社が 100％出資している南アフリカの場合と，TMC と 100％出資子会社が合弁しているアルゼンチンの場合も，TMC100％（完全子会社）とした。

(3) 製造面では，11カ国12工場の全てで1本のラインに複数の車種，異なるサフィックスの車を混ぜて流す**多車種多仕様混流生産**が行われている[61]。混流の形態も一個流し式（ベネズエラのみ10台ロット単位）の混流であり，ホンダのような1ロット数十台を単位とする大ロットでの混流を行っている工場はない。ベネズエラも小ロットであり，一個流しの**多車種多仕様混流生産**は，トヨタの製造システムとしてほぼ確立している。

フレーム構造のIMVを専用ラインとし，モノコック構造のセダンとは別ラインにしている工場が多いが，台湾工場ではIMVとセダンが混流されている。すなわち，フレーム構造でミニバンのIMV5と，モノコックのミニバンのウィッシュ，セダン2車形（カムリとヴィオス），ハッチバック1車形（ヤリス）の合計5車形53sfxを1本のラインで混流している。混流される車種間の工数差が非常に大きいため，① 組み立てラインの先頭にプレトリムラインを設け，工数の多い車はラインに入れる前にある程度の取り付けを済ませておいたり，② 組み立てラインの途中にもバイパスラインを設けたりして，工数差を調整し，工数の少ない車での手待ちのムダを減らしている。

この他，インド工場ではIMV4，5とカローラが混流されており，フィリピン工場でもファイナルでIMV5とヴィオスが混流されている。

IMVを専用ラインとしている場合でも，その全てでピックアップ1，2，3，SUV，ミニバンのいずれかが混流されており，サフィックスも南アフリカで403，タイ（サムロン）で252，アルゼンチンで158など，**多仕様の混流生産**となっている。

このうち，シングルキャブ・ピックアップのIMV1，ダブルキャブの3，SUVのIMV4の間では，同じIMVでも工数差が大きく，これを混流する南アフリカとアルゼンチンでは，台湾工場と同様の対策に加えて，SUVの組み立ての際に追加人員を投入するインラインバイパスも行って工数差を吸収し，手待ちのムダを減らしている。

(4) 混流生産で懸念される「取り付け間違い」「取り付け漏れ」の対策として

---

61 多車種多仕様混流生産については第7章で詳述する。

SPSがある[62]。その他にSPSには，多車種多仕様を混流すると発生するライン側の「部品棚の森」を解消し，ラインを「見える化」する効果もある。また，工場の床面積に制約が大きい工場ではスペースを確保する効果も期待できる。

しかし，SPSの導入には大きなバラつきがある。組立工程のすべて，すなわち，トリム，シャシ，ファイナルの全てで導入しているタイのバンポー工場，フィリピン，ベトナム，台湾がある一方で，同じタイでもサムロン工場では全く導入されておらず，南アフリカ，マレーシア，ベネズエラでも全く導入されていない。組立ラインの一部に導入している国として，インドネシア，アルゼンチン，インド，パキスタンがあるが，インドネシアは導入に否定的でカンバンとの混成ラインとなっている。

この要因として次の二つが考えられる。一つは，1台分の部品をセットした台車を数台分ずつラインに運搬するため，ロット供給の後工程引き取りより運搬回数が増え，運搬の工数が増加した分だけ人件費が増加することである。もう一つは，部品がPレーンからSレーンに入ったあと，後工程引き取りならそこからライン側に運ばれていたのだが，SPSではセットパーツ場を経由してライン側に運ばれるため，部品に触る回数がセットパーツ場で触る分だけ増えるため，部品に「2回触る」として嫌われることである。「2回触る」のは確かだが，組立ラインで部品を選ぶ工数が減っており，その両者で相殺されて工数は増えていない。しかし，これを嫌う雰囲気が現場にあるのも確かである。

SPSは製造ラインの革新的イノベーションという面もあるのだが，こうした事情により導入状況に大きなバラつきが生じており，その点では，製造ラインも多様化している。

(5) セットパーツ場での選び取り漏れ，選び取り間違いを防止するDPSについては，どの工場も導入に肯定的だが，導入コストとの関係で導入しているのはタイ，インド，アルゼンチンにとどまっている。

また，AGVについては，DPSと異なり，導入済みの台湾以外はどの工場も導入に否定的である。AGVは，SPS導入に伴う運搬工数増を自動化で解消す

---

[62] SPS，DPS，AGVについても，第7章で詳述する。

る切り札だが，導入コストが高いうえに，脱線対策のための保全コストもかかる。このため，IMV 製造拠点の中で人件費が最も高い台湾での導入は合理的だが，人件費の安い他の工場では運搬コスト解消と導入コスト＋保全コストが見合わず，導入が進んでいない。ただ，人件費が上昇してくれば，運搬コスト解消の切り札として導入する工場が増えてくることも予想される。

(6) 組み立てラインのタクトタイムは，1 分を切るタイの工場から，17 分台のフィリピン，18 分のベトナム，最も遅いパキスタンで 30 分となっている。タクトタイムは需要に応じて増減されるため，速いから効率が良いとか，遅いから効率が悪いわけではない。効率の良し悪しは「作業時間に占める正味作業時間の比率」（第 4 章論点 3 を参照）と，「正味作業時間 1 単位で処理できる要素作業の数」で決まる。

しかし，タクトが遅い工場で SPS を導入しないと，部品棚の森ができて，取り付け間違い，取り付け漏れのリスクを高め，床面積に制約のある工場ではスペースの問題も引き起こす。そのことがあって，タクトの遅いフィリピンとベトナムでは SPS が導入されている。

(7) 各工場とも日本人駐在員の数は数人から数十人で，この人数で千数百人から数千人の現地人ワーカーを管理している[63]。

表には示していないが，どの工場でも現地作業員はトヨタに特有の関係特殊的スキル，たとえば，① 班長による標準作業のカイゼン＝標準作業書の書き換え，② カイゼンについて話し合う QC サークルの設置，③ 現場の作業者によるカイゼン提案制度，④ その提案を取り入れてカラクリ，ポカよけを製作する専任のカイゼンチームの設置など，欧米メーカーなら管理部門がする仕事を現場の作業者が行うようになっている。これらは，現場の作業者が，① 標準作業書で指示されたことだけ作業する肉体労働に加えて，② 標準作業書の

---

[63] 駐在員の数は，モデルチェンジやマイナーチェンジの時期と平時で増減があり，それ以外でも大きなシステム変更の有無で増減がある。しかも，拠点ごとにそのタイミングがずれるため，横並びでの比較が難しい。そこで，表 6-1 では駐在員が多い TMT と少ない ASSB と TMV の人数を記載し，おおよその傾向を表示している。その幅を本文では，数人から数十人と表現している。

カイゼンなどの精神労働も行っていることを意味し，その意味では「知的熟練」が形成されている[64]。その結果，製造現場の現地人に任せておいても作業がスムーズに進むだけでなく，カイゼンも進んでいく。

このように，トヨタ的な関係特殊的スキルも含めた製造の現地が進んでおり，そのことが少数の駐在員でもスムーズにオペレーションが進み，カイゼンされていく要因になっている。

また，これらは，各工場の製造現場の実態に合わせて進められる漸進的なプロセスイノベーションであるため，工場ごとに工夫の仕方が異なっており，そのことが工場ごとの製造現場の多様性も生み出している。

---

64 ただし，作業者に割り当てられる要素作業数（a），各要素作業の標準作業時間（b）の管理，それに基づく個々の作業者の正味作業時間（a×b）の管理や，タクトタイムの管理は現場から分離され，管理部門が行っている。現場作業のうち正味作業時間の密度（労働強度）に関連する部分は現場から管理部門に分離され，管理部門が決めた枠内で現場作業のカイゼンが行われる。現場の行っている精神労働は後者に限定されており，その範囲でのみ「知的熟練」が形成される。前者は現場から分離されており，その管理手法はテイラー主義である。その意味では，テイラー主義的管理の下で形成される知的熟練と言えよう。

# 第 7 章

# 多車種多仕様混流生産の問題と解決
～製造ルーチンの横展と変異～

<IMV における混流の状況と製造ルーチンの横展と変異>

　IMV の製造上の特徴は，5 ボデータイプでサフィックスが 1250 まで多様化した車が混流生産されるなか，第一に車種間のサイクルタイムの平準化の方式として，日本では珍しいインラインバイパスが TSAM と TASA で本格的に実施されていること，第二に部品供給のルーチンが TPS から SPS に変異していることである。そこで以下，IMV における混流の状況，次にインラインバイパスなどの車種間工数差平準化の方式，最後に部品供給のルーチンの SPS への変異について，以下の節に分けて見て行く。

　① IMV を製造する新興国 11 カ国 12 工場における混流の状況→第 1 節
　② 車種間の「工数差」が生み出す「手待ちのムダ」＆「ラインストップ」⇒車種間の作業時間の「平準化」による解決→第 2 節
　③ タクトの遅い工場で混流すると，1 工程で取り付ける部品の種類，点数が増加し，「取り付け間違い」＆「取り付け漏れ」のリスク増大⇒「SPS」による解決→第 3 節
　④ 同じ理由から，ラインサイドの部品棚の部品の種類，点数が増加し，部品棚を置くスペースが不足したり，縦に積み上げてラインが見えなくなる「部品棚の森」ができたりする。⇒「SPS」による解決。→同上
　それではまず，IMV における混流の状況はどうだろうか。

第7章　多車種多仕様混流生産の問題と解決　105

## 第1節　IMVにおける混流の状況

　IMVでは，11製造国12製造拠点のすべてで，複数の車形（IMV 1～5のうちの複数車形）を混流で生産している。拠点によってはモノコックの車種とフレームのIMVを混流している所もある。これにより，各ラインを車種ごとの専用ラインにする場合に比べて，ラインに対する設備投資コストを大幅に削減できる。単純化して言えば「車種数分の1」にすることが出来る。モノコックとフレームでラインを分ける場合に比べても，それらを混流すれば投資コストは半分である。こうした複数車種の混流は，IMV以外の車でも広く行われているトヨタの製造ルーチンである[65]。

　さらに，IMVは他の車種に比べてサフィックスが多い。販売サフィックスだけで330，生産サフィックスは1250に及ぶ。生産サフィックスを国別に見ると，タイ（TMTサムロン）が252，南ア（TSAMダーバン）が403，アルゼンチン（TASAザラテ）が158など，3ケタのサフィックスを製造している工場もある。こうした多種多様なサフィックスも混流で生産されている。

　このように，IMVの製造ラインは各工場ともに一本のラインに複数の車種，多数のサフィックスを混ぜて流す「混流」である。しかしたんなる混流ではなく，IMVの混流も，他のトヨタの混流と同じく一個流し型の混流となっている。

### ＜一個流しの混流＞

　トヨタの混流は，ホンダの混流とは大きく異なっている。ホンダも1本のラインで複数の車種を生産するという意味では混流である。しかし，ホンダのラインは，同じ車種を数十台まとめて流す方式～「ロット混流生産」～である[66]。

---

[65] 同じトヨタの多車種多仕様混流生産について，1960年代のトヨタを対象に分析したものに塩地洋［1986a，1986b，1988］がある。塩地は多車種多仕様混流生産を「多銘柄多仕様量産機構」と呼んでいる。

[66] ホンダの「ロット混流生産」については，藤本隆宏［2013a］の分析が参考になる。筆者はホンダのインド第一工場（Honda Cars India Ltd.のグレーターノイダ工場，2012年訪問），タイ工場（Honda Automobile (Thailand) Co., Ltd.のアユタヤ工場，2013年訪問），ベトナム工場

これに対してトヨタの混流は，異なる車種，異なるサフィックスの車が，1台ずつ流れてくる「一個流し混流生産」である。IMV のラインで言えば，車形の異なる車，たとえば，ピックアップ→SUV→ミニバンを数十台ごとに変えて行くのではなく，1台ごとに変えていくのである。

ラインの横に立って眺めていると，1台ごとに異なる車形の車が次々に流れてくるので，トヨタのラインが文字通り「混流」であることが実感できる。タイ・トヨタの工場のようにタクトタイムが1分程度の工場では，異なる車が1工程1分で次々に通り過ぎていくため，壮観ですらある。

しかし，このことは，1分おきに取り付ける部品が異なる車（PU か SUV かミニバンか，またモノコック車か）が，異なるサフィックスで流れてくることを意味している。これを，それに部品を取り付ける作業者の視点から見ると，取り付ける部品の種類，取り付ける部位が1台1台異なる車が1分おきに流れてくることを意味する。

### ＜混流がもたらす車種間の「工数差」＞

IMV の場合，取り付ける部品，取り付ける部位の違いは，グローバルに見れば5車形，1250サフィックス分もあり，これを現場で作業する作業者の立場で見れば，生産（取り付け）指示の種類がそれだけ多種多様にあることになる。

しかも，IMV は PU だけみても，シングルキャブで取り付け部品の少ない IMV1（乗車定員2人）と，ダブルキャブで取り付け部品の多い IMV3（乗車定員5人）では1工程で取り付ける部品の数が大きく増える。さらに，ボデー後端までルーフの伸びる SUV（IMV4，乗車定員7人）やミニバン（IMV5，乗車定員8人）では，PU よりもさらに取り付け部品が多くなる。

これをラインの作業者の視点で見れば，車形ごとに作業工数に違いがある車が次々に流れてくることになる。その工数の違いは，同じ PU でもシングルキャブとダブルキャブで大きく異なるし，PU と SUV，ミニバンでも大きく異なっている。

---

(Honda Vietnam Co., Ltd.のハノイ工場，2014年訪問），インドネシア工場（Honda Prospect Motor の KIM 工場，2014年訪問）の製造現場を見学した。

また、そのそれぞれにどんなサフィックスが付くかで、さらなる工数の違いが生じる。

### ＜工数差がもたらす「手待ちのムダ」＞

　そうした工数に大きな違いのある車が、混流生産では同じタクトタイム（組み付けライン1工程分を通過する速度。1工程分の作業時間。タイのTMT工場では1分程度）で流れていく。

　混流の場合、組み付けラインの工程数（1工程6メートル程度で、その6メートル程度の工程がいくつあるか）は工数が多い車でも少ない車でも同じである。これは、混流生産ではすべての車が同一のラインを流れて行くからである。

　このように1工程あたりの運搬速度が同じで、ラインの工程数も同じだと、1工程あたりの工数（作業量）はPUシングルキャブのような単純な車では少なく、ダブルキャブやSUV、ミニバンのような複雑な車では多くなる。

　そうすると、タクトタイムは最も作業量の多い車の作業に必要な時間に合わせて設定される。タクトがそれより短いと作業が間に合わず、ラインストップしてしまうからである。しかし、そうすると作業量の少ない車ではそのタクトタイムでは早めに作業が終わってしまい、手待ちのムダが発生する。

### ＜車種間の作業時間の平準化〜IMVにおける製造ルーチンの保持〜＞

　手待ちのムダは、工数の少ない車が工程に入って来た時に、作業が早く完了するために発生する「手が空いている（する作業がない）時間」であり、労働時間に占める正味作業時間を減少させる「ムダな時間」である。

　特に、工数差の大きい「シングルキャブとダブルキャブ」、また「ピックアップとSUV、ミニバン」を混流させると、工数の少ない車形を生産する際に大きな手待ちのムダが発生する。そこで、各製造拠点では、車形ごとに異なる1工程あたりの作業時間の平準化に取り組んでいる。

　この平準化は、TSAMとTASAで日本では珍しい方式〜インラインバイパス〜も取り入れながら本格的に取り組まれている。

　第2節では、TSAMとTASAの組み付けラインを例に、このことを詳しく見て行く。次に製造ルーチンが変異している面であるSPSについて見て行こう。

＜多サフィックス混流生産における間違い，漏れとSPSへの進化～IMVにおける製造ルーチンの変異～＞

IMVはボデータイプが五つある多車形モデルであるだけでなく，サフィックスがグローバルには1250もある多サフィックスモデルである。

これを，トヨタ的な一個流しの（1台ずつ異なるボデータイプ，異なるサフィックスの車が流れてくる）混流にすると，次々に取り付ける部品が異なる車，取り付ける部位の異なる車が流れてくることになる。

これをラインの作業者の視点で見れば，取り付ける部品や取り付ける部位の異なる生産指示書が次々に流れてくることを意味する。

＜「取り付け漏れ，取り付け間違いのリスク」＞

ところで，従来のTPSでは，取り付ける部品は一種類あたり数十個とか数百個という単位でラインに供給されるロット供給であった。ラインには複数の車種が混流されているから，同じ工程に似たような部品を収める部品棚がいくつも並び，作業者はその棚から今流れてきた車に取り付ける部品を間違いなく，また忘れることなく部品棚から「選び取ら」なければならない。そして，選び取った部品を間違いなく，漏れなく，所定の部位に「取り付け」なければならない。作業者はこの「二つの作業を1人で」間違いなくこなさなければならない。

だが，IMVのような多サフィックスモデルの場合，これを間違いなく行うには，適性のある作業者が時間をかけて熟練する必要がある。

＜リスク回避の方法＝SPS＞

しかし，熟練労働者を時間をかけて育成し，安定して雇用するには，日本のような長期継続的雇用を実現する必要がある。さらに，そのような雇用関係を実現して熟練労働者を育成・確保したとしても，それでもIMVのような多サフィックスモデルの混流では選び間違い，選び取り漏れ，取り付け間違い，取り付け漏れのリスクは残るだろう。

このようなリスクを回避するために導入されているのがSPS（Set Parts Supply）である。

### ＜平準化，SPS による正味作業時間の拡大＞

　SPS は取り付けもれ，取り付け間違いを減らし，その減った分だけ手直しを減らす。手直しは，正味作業時間の後ろにあるムダな時間であり，そのムダを減らせば労働時間に占める正味作業時間の割合を増やすことができる。

　しかし，平準化して手待ちのムダを無くし，その分の正味作業時間の拡大することは，労働強化の面もある。

　以下，第 2 節では TSAM と TASA における車種間の作業時間の違いの平準化について，第 3 節では SPS によるカンバン供給の進化，第 4 節では準レントをめぐる労使の対抗について見て行く。


## 第 2 節　工数差の大きな車を混流しても手待ちのムダが出ない工夫
　　　　～混流生産における生産ルーチンの変異～

　前節でも述べたとおり，IMV 製造拠点の全てで混流生産が実施されている。混流は，IMV の複数車種での混流が中心だが，台湾工場では IMV5 とセダン 4 車種（カムリ，ウィッシュ，ヴィオス，ヤリス）を 1 本のラインで混流し，フィリピン工場では IMV5 と VIOS（セダン）を 1 本のラインで混流している。また，IMV だけの混流でも生産サフィックスが多い工場もあり，南アフリカ工場では 403 サフィックス，タイ・サムロン工場では 252 サフィックスに達する。

　このように，開発段階でプラットフォームを統合していても，実際の製造現場は多車種多仕様混流生産となっており，車種間の工数差から生じる工程あたり組み付け時間の長短の平準化が大きな課題となる。このことを南アフリカ工場（TSAM）とアルゼンチン工場（TASA）を事例に見て行こう。

### ＜TSAM と TASA の混流＞

　TSAM で IMV1，2，3，4 を，TASA で IMV1，3，4 を混流している。工数の最大（IMV4）と最少（IMV1）が混流しているのは，TASA と TSAM の他にはマレーシア工場（ASSB）とパキスタン工場（IMC）のみである。

このTASAとTSAM両工場の生産タクト，生産量はタイほどではないため，ある程度は人の頑張りで工数差にFlexibleに対応できる面もある。

両工場のモデル別生産比率も，おおよそ，IMV1：IMV3：IMV4＝20：70：10程度であり，IMV3の生産を軸として混流のタイミングをコントロールしている。

とはいえ，IMV1，2，3，4の各工程でのサイクルタイムは大きく異なっており，工数の多いIMV4のためにバイパスラインを設けたり，IMV4が来た時に人員を追加するインラインバイパスを設けたりして，ライン内でのIMV4のサイクルタイムをIMV1，2，3のそれに近づける工夫が行われている。まず，TSAMから見ていこう。

### ＜TSAMのIMV4用プレトリムラインとバイパスライン＞

TSAMでは工数の多いIMV4（SUV）用に，1．トリムラインの前に「プレ」トリムラインを設置しており，また，2．メインラインの外にバイパスラインを設けている。

プレトリムラインは，Bピラーより後ろの部品をあらかじめ取り付けるSUV専用のラインである。

このプレトリムラインとバイパスによりライン外で吸収されるSUVの工数は，プレトリムラインで約6割，ライン外バイパスで約4割である。

こうしたライン「外」での工数差の吸収に加えて，ライン「内」にインラインバイパスを設置して，さらなる工数差の吸収が行われている。

### ＜TSAMのインラインバイパス＞

インラインバイパスというのは，工数差の大きな車種を混流しているラインにおいて，工数の多い車が来た時に追加人員を投入することでライン内に仮想的に設置されるバイパスラインである。日本では例が少ないが，TSAMやTASAでは本格的に実施されている[67]。

---

67 藤本隆宏［2014］によれば，カローラの製造ラインの2WDと4WDが混流される箇所で，冬場に4WDの比率が上がった時に追加人員が投入される例があるが，それ以外には見たことが無いとのことである。

TSAMでは，SUVが来るとサイクルタイムがタクトタイムより1人工分長くなる工程が一部に設けられており，そこではSUVが来ると追加人員を1人投入している。このサイクルタイムがタクトタイムより長くなる工程が1工程のところは1工程に1人追加し，2工程連続するところは2工程に1人追加している。

後者では，追加人員は連続した2工程で作業することになり，2工程で作業できる熟練が必要な多能工となる。

### ＜これだけの対策をしても1人工分の差が残る＞

これらの対策により，車種間のサイクルタイムの平準化が進められているが，それでもサイクルタイムには大きな差が残っている。

大きな差が残った工程では，シングルキャブのサイクルタイム60秒，SUVのそれが110秒と2倍（1人工）に近い差があった。タクトは130秒だからシングルキャブでは大きな手待ちのムダが発生している。

### ＜混流→工数差→手待ちのムダ＞

アルゼンチン工場（TASA）では，取材時点（2013年3月）で生産量の85％を占めていたPU（IMV1と3）は工数が相対的に少なく，15％のSUV（IMV4）は工数が多いため，同じ工程での1台当たりの作業時間がPUは短くSUVは長い。このように，車種間の工数の多少によって，作業時間の長短がある中で，1本のライン上でPU3台：SUV1台の比率で混流されている。

混流生産は，工数差のある車を同じライン上で，同じライン速度（タクトタイム）で流すことである。1工程あたりの工数の違う車を，同じタクトで流すのだから，1工程に割り当てる工数は，工数の多い車を組み付けるのに必要な工数となる。そうしないと，工数の多い車の組み付けが間に合わなくなり，ラインストップするからである。しかし，その工数は，工数の少ない車には不要な工数が含まれる。この余った工数分が工数の少ない車の手待ちのムダとなる。

TASAでは，トリムラインでダブルキャブとSUVの間でサイクルタイムの平準化が行われていた。

### ＜プレトリムラインを設置せずに工数差を吸収＞

TASAにはTSAMのようなプレトリムラインがないので，ライン外バイパスとインラインバイパスだけでの工数差の吸収となっている。

取材時点では，トリムラインのダブルキャブとSUVの生産比率は3：1だったため，ダブルキャブが3台来るごとにSUVが1台来るようになっていた。

その比率でダブルキャブとSUVを混流すると，SUVが来た時に1人工分足りなくなるように計画されており，追加人員が1人投入される。

その追加人員は次のSUVが来るまで3工程連続で作業するため，TSAM以上の熟練が必要となっている。

TASAの説明では，これでダブルキャブとSUVのサイクルタイムはかなり平準化できるとのことだったが，シングルキャブとは大きな差が残っているとのことであった。

### ＜インラインバイパス～工数の多い車と一緒に追加人員が歩く～＞

ここで，TASAのインラインバイパスについて図を使って説明しておこう。やり方はTSAMも同じである。

TASAでは，1工程の人員を2人とし，PUはこの2人で組み付けている。しかし，PUはSUVとの混流のため，PU3台終わったらSUVを1台流すよう計画されている。

このSUVにはSUV専任の要員が1人貼り付けられており，SUVが来るとラインに投入され，工程に貼り付けられている2人と一緒に3人で作業する。

SUVは次のSUVが来るまでに3工程進むため，SUV専任要員も1工程終わるごとにSUVと一緒に歩いて進んでいき，3工程分作業すると元の工程に歩いて戻る。

このように，PUの2人は工程を動かず，工程に固定されているが，SUVの1人はSUVに固定されており，車と一緒に工程を歩きながら（移動しながら）作業する。生産比率はPU3台にSUV1台なので，SUV要員の1人は3工程分歩いて作業が終わると，次はPUが3台続けて来るので，SUVの1人は次のSUVが来る4台前まで，すなわちPU3台分を通り過ぎて戻る。

第 7 章　多車種多仕様混流生産の問題と解決　113

図 7-1

PU 3 台の後に SUV が 1 台。PU 要員 2 人に SUV 要員 1 人を加えた 3 人で SUV の組立を行う。

（出所）　原案を筆者が作成し，池田稚菜，井手萌乃がイラスト化した。

図 7-2

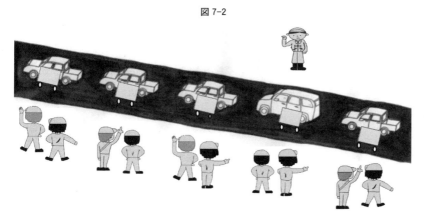

（出所）　図 7-1 に同じ。

このように，PUとSUVの工数の違いは，SUVに1人追加（2人+1人）することで平準化される。タクトを工数の多い車（SUV）に合わせて工数の少ない車（PU）で手待ちのムダを発生させるのではなく，工数の多い車（SUV）に追加人員を投入して，工数の少ない車（PU）に合わせたタクトを実現するのである。これにより，工数の少ない車で手待ちのムダが発生しない。こうして，リーンな混流，ムダのない混流を実現している。

### ＜シングルキャブの手待ちのムダ＞

なお，PUはダブルキャブが生産全体の80％の比率だが，シングルキャブが生産全体の5％混流している。シングルキャブは後席がなく，ダブルキャブと比べて，その分の工数が少ない。しかし，この工数差を平準化する対策は講じられておらず，平準化はダブルキャブとSUVの間でのみ行われている。

このため，ダブルキャブとSUVでは手待ちのムダは生じないが，それらとシングルキャブの間には工数差があり，平準化されていないので，シングルキャブでは手待ちのムダが発生する。TASAは，これについては「やむをえない」ムダとしている。

### ＜インラインバイパスのルーチン化〜製造ルーチンの進化〜＞

以上のように，工数の最大（IMV4）と最少（IMV1）が混流しているTSAMとTASAでは，車種間の工数差から生じる工程あたり組み付け時間（サイクルタイム）の長短の平準化の取り組みが本格的に行われている。

この平準化の取り組みは，工数の多い車に①TMCの日本の工場でも普通に（ルーチンとして）行われているライン外バイパスの他に，②同じくライン外だが，トリムラインの前に工数の多いSUVのBピラーより後ろを組み立てるプレトリムラインを設けたり，③工数の多い車が来た時に追加人員をメインラインの中に投入するインラインバイパスを設ける形で実施されている。

このうち，インラインバイパスは日本では例外的だが，TSAMとTASAでは日常的に，標準的な作業として実施されている。インラインバイパスはTASA，TSAMの製造ルーチンとして確立しているのであり，それが例外的な日本の製造ルーチンの変異とみてよい。

このように新たなルーチンを導入しても工数の最大（IMV4）と最少（IMV1）の格差は残っており，TSAM の工数差の大きい工程ではサイクルタイムに倍以上の差が残っている。藤本隆宏［2014］によれば日本の工場での車種間の工数差は 1.2 倍程度であるから，TSAM，TASA における混流は工数差の大きい混流と言える。そのような工数差の大きな混流で車種間のサイクルタイムの違いを平準化する方法としてルーチン化されたのがインラインバイパスなのである。

## 第 3 節　SPS による TPS の進化

　IMV 製造工場のもう一つの特徴は，SPS が導入されている工場が多いことである。SPS は 21 世紀に入って導入された部品供給方式であり，カンバンによる後工程引き取りに代わる方式である。以下，これについても詳しく見ておこう。
　SPS（Set Parts Supply）は，組み立て工程で組み付ける部品を車 1 台分セットしてライン側に供給する方式である。その特徴の第一は，部品をライン

表 7-1　問題の所在と解決

```
車種数，サフィックス数の増加を設備投資なしで実現する方法→混流生産
                          ＋
        工場新設 or 増設 or 能力増強に伴う新人ワーカーの増大
                          ＋
      市場変動に対応するための非正規の増大と非正規の職務内容の正規化
                          ⇩
                        （結果）
    従来通りの熟練が必要なままだと「間違い」，「漏れ」による不良のリスク増大
                        （対策）
                          ⇧
                 複雑労働の単純労働への分解
                （トヨタ SPS，日産 KIT 供給）
                          ＝
             熟練の「水準」の引き下げ＆「期間」の短縮
```

（出所）　筆者作成。

と同期して供給しているため，部品棚が不要になることである。TPS ではタクトの遅い工場で部品棚の森ができるが，SPS では森が完全になくなり，部品はラインとの同期台車，組立中の車両内に収まる。これにより，スペースのムダが大幅に低減され，見える化されたラインが実現する。

### ＜タクトの遅い工場での混流～SPS による問題解決～＞

自国内供給拠点は，グローバル供給拠点に比べると，生産量が小さいためにタクトが遅い。

最も遅いパキスタンの IMV ライン（IMV1, 3, 4 の混流）ではタクトタイムが約 30 分，その次に遅いベトナムの IMV 専用ライン（IMV4, 5 の混流）も 18 分と非常に遅い。

マレーシアの IMV ライン（1, 3, 4, 5 の混流）も 9 分，フィリピンの IMV とヴィオスとの混流部分が 7 分 6 秒，台湾 IMV ラインが 4 分 5 秒と，これらもかなり遅い。

これらのラインはタクトが遅いことから 1 工程あたりの取付部品の点数が多くなるうえに，混流しているため取り付ける部品の種類も多くなる。

従来の TPS 供給は JIT でもロット供給のため，こうなるとライン側に部品棚の森が出来て置く場所の確保が難しくなる。作業者の取り付け間違い，取り付け忘れのリスクも高まる。

### ＜TPS から SPS へ＞

繰り返しになるが，SPS（Set Parts Supply）は，組み立て工程で組み付ける部品を車 1 台分セットしてライン側に供給する方式である。これを TPS と比べてみると，TPS はロット単位の後工程引き取りでライン側の部品在庫のムダを減らしたが，SPS は車 1 台単位の部品を順序供給して，ライン側の部品在庫のムダを完全に無くした。部品をラインと同期して供給しているため，部品棚もない。

ラインからカンバンで部品を引き取るのではなく，生産計画に基づいて順序供給するため，ラインから出るカンバンが無くなる。カンバンによる TPS から同期供給の SPS への進化である。

第 7 章　多車種多仕様混流生産の問題と解決　　117

図 7-3

（出所）　原案を筆者が作成し，池田稚菜がイラスト化した。

図 7-4

（出所）　図 7-3 に同じ。

図 7-5

（出所）　図 7-3 に同じ。

### ＜SPS による解決＞

　部品棚が無くなることで，需要が変動してタクトタイムが変わった場合でも，部品を供給する同期台車の工程の仕切りを変えるだけで済むようになり，部品棚の移動や，改造が不要となる。部品棚の移動や改造には大きなコストが伴っていたから，それが不要になることで，需要変動に対するラインのフレキシビリティが大きく向上する。

　また，SPS は，ラインの作業員が担っていた ① 部品を選び取る作業と，② 部品を組み付ける作業を分解し，ラインの作業者は ② に専念することになる。選択と組み付けという二つの要素からなる複雑労働は，二つの要素が独立して単純労働化することで，熟練の一部が不要になり，不熟練でも作業が可能になる。これにより，取り付け間違い，取り付け忘れのリスクが低減される。

　SPS 化によって「選択」作業が独立し，「組付」作業と「選択」作業が分業化する。組立ラインの作業が「組付」に専門化し，選択作業はセットパーツ要員の作業として独立する。それにより，複雑労働が単純労働化し，熟練労働が不熟練労働化する。

### ＜セットパーツ場の DPS＞

　また，セットパーツ場で DPS（Digital Picking System）を導入すれば，「選択」作業に含まれる「選ぶ」と「取る」の二つの作業のうち「選ぶ」は，指示書を見て部品を選ぶのではなく，部品棚のうちランプが点灯している棚を「選ぶ」作業に単純化する。すなわち，「選ぶ」は点灯しているかどうかを「選ぶ」作業に解消される。「取る」という要素作業は変わらないが，「選ぶ」作業が単純化した分，熟練が不要になり，「選び間違い」のリスクが低減される。

### ＜製造ルーチンの変異と製造システムの進化＞

　組み付けラインのルーチンは，「選び取る」＋「取り付ける」，この二つの繰り返しである。それは同じことを繰り返すルーチンワークのように見えるが，混流ではラインを流れてくる車の違いに応じて必要な部品を「選び取り」，車ごとに異なる部位に「取り付け」る，熟練が必要なルーチンワークである。

　製造システムが SPS に進化すると，①「選び取る」作業がセットパーツ場

の作業として分離し，組み付けラインでは「取り付ける」作業に単純化される。組み付けラインの作業が「選び取る」＋「取り付ける」の繰り返しから，「取り付ける」の繰り返しに変異する。それと同時に，②セットパーツ場では「選び取る」作業が独立してルーチンワーク化する。さらに，③部品の運搬作業も「カンバンによる引き取り」を繰り返すルーチンから，組み付けラインの「生産順序計画に基づく運搬」を繰り返すルーチンに変異する。こうした，三つの製造ルーチンの変異が，SPS導入以前の製造ルーチンのSPS導入後の新しい製造ルーチンへの変異の内容である。

この三つの製造ルーチンの変異により，製造システムが後工程引き取りのTPSから生産順序計画に基づいて部品供給するSPSに進化する。

この進化により，SPSはラインの需要変動対応能力を向上させ，作業者の熟練に要する期間を短縮するのである。

### ＜タクトの速い工場でのSPS＞

IMV製造工場のうち，以下の工場はタクトが速い。
- タイ・サムロン工場　55秒（IMV1，2，3混流）
- タイ・バンポー工場　58秒（IMV2，3，4混流）
- インドネシア　1分42秒（IMV4，5混流）
- 南アフリカ　2分10秒（IMV1，2，3，4混流）
- アルゼンチン　2分16秒（IMV1，3，4混流）

タクトの速いラインは，1工程当たりの作業量が少なく，1工程で取り付ける部品点数も少ない。そのため，タクトの遅いラインのような部品棚の設置スペースの問題や，取り付け間違い，取り付け漏れのリスクは低い。このため，南アフリカ工場ではSPSを導入していない。

しかし，タイ，インドネシア，アルゼンチンでは導入されている。これは，熟練期間の短縮，取り付け間違い，取り付け漏れの低減といったメリットが，運搬人員の増加による人件費コストの増加を上回る，あるいは相殺しているとの判断と見られる。

<SPSの問題>

　SPSは選び取る作業を独立させるため，ラインでの組み付け工数は減るが，セットパーツ場での選んで積み込む工数が増える。ラインの組み付け工数減を，セットパーツ上での選択工数増と差し引きすれば増減はゼロになる。増加するのは運搬の頻度である。

　SPSでは5台分程度の台車を連結して運搬するものの，TPSのロット供給よりも運搬回数が増える。たとえば，TASAの場合，カンバンによる運搬は約40分に1回程度だが，SPS台車の運搬は約10分に1回（タクト2分16秒×5台車＝11分20秒）となり，運搬頻度が約4倍となっている。とはいえ，それで運搬人員が単純に4倍になるわけではない。

　なぜなら，SPSの運搬労働はセットパーツ場と組み付けラインの間の単純な運搬のみだからである。部品を探しに行く必要は無く，その分の工数が減る。運搬頻度の増加と運搬に関わる工数の減少を差し引きして，どうなるだろうか？

　これは，セットパーツ上からラインまでの距離による。長ければ人員でカバーする必要があり，人員増となり，近ければ，若干の増加で済むこともある。

　スペースの問題もある。既存工場で空きスペースが少ない場合は不利，最初からSPSを想定してスペースを取れる新工場が有利となる。

　いずれにせよ，人件費コストが増える。人件費の安い新興国の工場ではメリットの方が大きいが，先進国ではデメリットも大きい。

<SPSの問題の解決策>

　運搬人員の増加への対策はAGVの導入である[68]。AGVを入れれば，逆に運搬人員を減らすことができる。しかし，初期（導入）コストが高く，また，AGVの保全コストが新たに発生する。特にAGVの走行距離が長いと（そのような場合こそAGVが必要なのだが）保全コストが上がる。違うフロアにセットパーツ場を作るとAGVが使えないこともある。

---

68　Automatic Guided Vehicleの略称。床面に磁気テープを敷設し，それが発する磁気によって誘導されて無人走行する搬送用台車である。

日本の元町工場は，近くにセットパーツ場を作れず運搬人員が増加し，AGV も導入できなかったため，いったん SPS を導入したものの，順建て供給に変更している。

## 第 4 節　内部労働市場と準レント

### ＜内部労働市場：企業特殊的スキルの形成 ①＞

現地調査では，11 カ国 12 事業体すべてで正規現場オペレーターの長期継続的雇用を確認した。多車種多仕様混流生産でも品質確保（不良率低減）ができる熟練，ラインで問題が発生すると作業者がラインを止め班長が対応するなどのトヨタ独自の企業特殊的スキルが全ての事業体で形成されていた。また，カイゼンに関する下記の企業特殊的スキルも形成されていた。

すなわち，① 班長をリーダーとする QC サークルで議論し，個人でカイゼン目標件数を持って提案する仕組みの確立，② 原価低減（歩数，作業手順の見直し，作業のやり方＝エルゴノミクスによる作業改善），品質改善（不良率低減，5S など）に現場で取り組むなどのスキルが形成されていた。

### ＜内部労働市場：企業特殊的スキルの形成 ②＞

標準作業書の改定も現場のカイゼン提案を基に班長が起案し，課長が承認する仕組みが定着していた。現場で標準作業書が改定されるのである。

カイゼン活動を業務とする専門のカイゼンチームも設置されており，原価低減，品質改善の両面から作業を見直し，治具，からくり，ぽかよけなどの製作を行っていた。

### ＜内部労働市場：企業特殊的スキルの形成 ③＞

ただし，IMV はサフィックスが多く作業者の部品選択肢が多いため，取り付け間違い，取り付け漏れのリスクが高く，組立ラインの作業者に高い企業特殊的スキルが求められた。だが，企業特殊的スキルの向上だけでリスクを減らすには限界があるため，工程そのものの革新，カンバンによる後工程引き取り

から，車種ごと，仕様ごとにセットされた部品を取り付ければ良い（部品選択が必要ない）SPS への転換（作業ルーチンから見れば進化）が行われた[69]。

### ＜企業特殊的スキルと準レント＞

現場でのカイゼンは，生産力の面から見れば，それのないラインに比べてより現場適合的な形で生産ルーチンを進化させるが，生産関係の面から見れば，現場作業者に原価低減，品質改善などの精神労働を担わせることであり，そのこと自体がトヨタの，あるいはこれを導入している日本企業の企業特殊的スキルである。

この企業特殊的スキルは，転職を防止するための準レント（労働価値説から見れば複雑労働に対する対価）を発生させる。この準レントは，転職防止のための（企業特殊的な複雑労働の対価としての）相対的高賃金となって現れる。この準レントは，トヨタにとってはコストであり，労働者にとっては複雑労働に対する報酬だから，労使の利害が対立しており，労使の矛盾が潜在することになる。こうした矛盾は日本にもあり，IMV はそれを新興国に移転している。

### ＜準レントをめぐる労使対立＞

この準レントは，労働価値説から見れば複雑労働の対価であるから，これを経営側が抑制しようとすると，労働力の価値どおり支払われないことになる。この抑制は，経営側の労働側に対する支配関係によるものだから収奪である。

南アフリカのように，労働組合が産業別に組織されており，賃金決定が広域賃金協約によって決まる国では，トヨタ（TSAM）においても労使関係は相対的に対等であり，支配関係は弱い。TSAM ではさらに企業内での上乗せ（準レントの支払い）も要求するため，これ（準レントの支払い）を抑え込もうとすると，準レントをめぐる労使の対立が顕在化し，TSAM では組織的なストも発生している。

それ以外の国では，労働組合は企業別に組織されており，経営側の支配が可

---

69 ただし，グローバル供給拠点でもタイのサムロン，南アフリカでは導入されておらず，国内向け拠点ではマレーシア，ベネズエラで SPS が導入されていない。また，サムロンと同じタイのグローバル供給拠点であるバンポーには導入されている。

能であり，フィリピン・トヨタのように組合結成に対抗して大量（233名）解雇，工場閉鎖（別工場で再開）で対抗した事例もある。

　とはいえ，トヨタ現地法人の給与水準はサプライヤーより高く設定されており，給与水準は準レントとして機能するレベルにあるとみられる。これは，トヨタの高収益な体質の反映であろう。

　以上，IMVによる製造ルーチンの進化を見てきた。次にIMVが調達ルーチンをどのように進化させたのかを見ておこう。

第III篇
# IMVに見るトヨタの新興国での部品調達
～アジアでの系列調達の進化（深層現調化），南ア，南米での非系列調達の拡大，調達ルーチンの進化～

まず，第Ⅲ篇「調達」の概要を簡単に見ておく。なお，調達は内製，外注の区分の決定から始まるが，本書ではこの決定プロセスには立ち入らず，内製，外注の区分が決まっていることを前提に，「TMC，TMC現法」と「Tier1，Tier1現法」との外注関係（取引関係）を分析する。

この外注関係には，①Zが外注先に外設申（外注部品設計申入書）を出す所から始まるLO前の開発の外注関係と，②TMC現法の購買部門がTier1に出す部品注文書から始まるLO後の購買の外注関係，さらに，③外注先から現法の製造工場に部品を輸送する物流の外注関係がある[70]。

本書は，第8章～第10章で①のTMC（Z）→Tier1現法→Tier1という開発の外注の流れについて詳しく述べ，②第11章第1節でTMC現法→【LSP】Tier1現法，【MSP】Tier1周辺国現法，【JSP】日本Tier1への発注という購買の外注関係の流れ，③第2節で［LSP］，［MSP］，［JSP］の工場外物流から工場内の受け入れヤードを経てラインサイドに至る部品の流れについて述べていく。

まず，開発の外注関係だが，外注部品の設計では，IMVでも他の現地生産車と同じく，TMCのZから現地サプライヤーに外設申が出ており，その後はサプライヤーの本国本社で設計され，それをTMC本社のZで承認する手順となっており，設計ルーチンに変化はない。

TMCとサプライヤーの間の準レントの分配についても，LO前の価格設定でも，LO後の価格改定でも，TMC現法とTier1現法の詰め→TMC設計＋Tier1設計＋TMC調達での協議→Zも入って調整という，他の海外生産モデルと同様のルーチンを保持している。

調達先が系列か非系列かという点では，「アジア」と「南ア，南米」で組織ルーチンの分化が起こっている。すなわち，系列調達というルーチンを保持するアジアの組織と，非系列調達へとルーチンを変異させた南ア，南米の組織との，ルーチンの異なる組織への分化が見られる。

---

70 このうち，①の開発の外注関係には浅沼萬里［1997］，藤本隆宏［1998］などの研究があり，②の購買の外注関係には近年では冨野貴弘［2012］，杉田宗聴［2010］の詳細な研究がある。③の物流の外注関係では，根本敏則［2010］の研究が海外にも目を向けている。

しかし，系列と非系列で図面の承認プロセスに違いはなく，また，図面が設計部門からZに上がってきた段階では，系列が作成した図面と非系列が作成した図面との違いが意識されることはない。系列，非系列の違いがあるとしても，設計部門で吸収できる程度であり，実際に吸収されている。これは，非系列の関係特殊的技能の向上と，TMC側設計部門の吸収能力の向上の結果とみられる。

　次に，購買の外注関係だが，IMVはグローバルに生産されていることから，特に南アフリカ，アルゼンチンでは部品輸送がタイ，インドネシアからでも，日本からでも1カ月程度の時間がかかる。このため，日本のようにN−1月の発注では間に合わず，最も遠いアルゼンチンのTASAではN−3月で発注されている。また，この発注月にN+1月，N+2月の予測（内示）が出るのは日本と同じだが，発注月がN−3月であるため，N+1は4カ月先，N+2は5カ月先の予測となり，予測精度が低下している。このため，実際の着工月に着工数が上振れする恐れがあるため，サプライヤーは在庫を持って対応している。

# 第8章

# 「外注部品の設計承認」と「原価設定・改定（準レントの分配）」のルーチン
～IMVにおける調達ルーチンの保持～

## 第1節　外注部品の設計承認のルーチン

### ＜IMVとサプライヤー＞

　IMVの開発は国内2000人，新興国500人の態勢で，「基本設計」はTMCテクセンとTier1とのサイマルテニアス・エンジニアリング，「サフィックスの開発提案」と「TMC現法とTier1現法のアプリ部分の協議」が現地という分担である。

　これは，Tier1の関係特殊的技能のほとんどが，TMCテクセンとTier1本社テクセンの間に蓄積されていることによる。その現地化はIMVでも進んでいない。

　TMC現法とTier1現法との開発をめぐる協議は開発全体の数％とみられるアプリ開発（Tier1が供給する部品のTMC現地工場での取り付けやすさの部分）に限定されている。それも，Tier1現法に評価設備があるデンソー，アイシンなどのシステム・サプライヤーに限られる。それ以外は日本のTier1からの出張が中心である。

　IMVの現地開発拠点は，グローバル供給拠点であるタイ，インドネシア，南アフリカ，アルゼンチンと，国内供給拠点であるインド，SUV開発に関係しているオーストラリアに置かれている。

### ＜系列サプライヤー＞

　なお，本書では，トヨタ自動車との間に浅沼萬里［1994］のいう関係（特殊

的）技能や，Klein, B., Crawford, R. G., and A. A. Alchian［1978］のいう関係特殊的投資を蓄積したサプライヤーを「系列サプライヤー」と呼んでいる[71]。

だが，近年では「系列」サプライヤーもトヨタ自動車からの「出資」比率を引き下げたり，「役員派遣」を減らしたり，またトヨタ以外の自動車メーカーとの「取引」比率も上昇しているため，「系列」と呼ぶのではなく「日本型サプライヤー・システム」と呼ぶべしとの意見もある（藤本隆宏［2001d］）。

しかし，本書では「出資」，「役員派遣」，「他社との取引」に関係なく，トヨタとの間で関係特殊的な技能や投資を蓄積したサプライヤーを「系列サプライヤー」と呼んでいる。

IMVプロジェクトでは，主にこの関係特殊的なサプライヤーに開発コンペへの参加が呼びかけられ，その中のいずれかが受注している。「出資」，「役員派遣」，「取引」の面で系列色が弱まっているように見えてもなお，長期継続的取引があり，関係特殊的技能を蓄積してきたサプライヤー中心のSE，そして発注が行われている。本書では，こうした事実に注目して，関係特殊的技能を蓄積してきたサプライヤーを「系列サプライヤー」と呼んでいる。

### ＜外設申はTier1現法宛て，設計はTier1本社＞

外注部品の設計は，TMCが部品の仕様書（外注部品設計申入書，外設申）をTier1現法宛てに発行するところから始まる。外設申は，初代IMVの場合はすべてTMC本社のZと設計部門が発行していた。2代目からは，これに加えてTMAP-EMが外設申を発行するケースも出て来ている。

Tier1現法はTMCから受け取った外設申をTier1の本国本社に回し，初代（2004年LO）の場合はTier1本社ですべての設計を行い，第2世代（2015年LO）でも，タイのTier1現法がアプリ部分の設計をするのを除いてTier1本社が設計を行っている。

Tier1本社ではその図面に基づいて試作を行い，TMCがそれを評価して，要求仕様を充足していればTier1が書いた設計図を承認する。いわゆる承認図

---

71　ただし，便宜上，「協豊会」加盟企業をそのような関係特殊性をもつ「系列」としている。

であり，部品の品質保証責任は図面を書いた日本の Tier1 が負う。

### ＜TMC と Tier1 のコミュニケーション～初代と第 2 世代～＞
　初代 IMV の時代は，「部品は現地で生産」するが，「図面作成（所謂，開発実務）は日本」で行われており，問題があれば日本での TMC 設計（時には Z）と Tier1 本社の間でコミュニケーションが行われるのが主であった。
　ただ，現地開発の比重が増している第 2 世代 IMV（2015 年 LO）の開発では，できるだけ，TMAP-EM の設計者と Tier1 現法のエンジニアがリエゾン機能の範疇で現地で検討／議論する様な仕組みに移行していると見られる。
　とはいえ，その検討内容は当然 real time で日本の TMC，Tier1 本社にも伝えられている。
　こうした第 2 世代の開発方式，すなわち開発の一部の現地化は，第Ⅰ篇で見た通り，開発ルーチンの進化である。

### ＜図面の所有権とロイヤリティ＞
　こうして作成された承認図の所有権は日本の Tier1 が所有している。この承認図に基づいて，別法人である現地 Tier1 が製造を行う。
　このため，現地 Tier1 は日本の親会社（TMC の Tier1）に対して，部品を製造する権利に対するロイヤリティを支払う。これは通常，売り上げの数％である。
　これは，TMC 現法が TMC の所有する図面で製造を行う場合，車両の台数にロイヤリティの率をかけた金額を TMC に支払うのと同様である。

## 第 2 節　原価設定・改定（準レントの分配）のルーチン

### ＜トヨタと Tier1 の発注・受注契約は現地どうし原価交渉も現地どうし＞
　部品の「設計」が日本の TMC（Z）と日本の Tier1（開発部門）の間で進められるのに対して，部品の発注・受注契約は現地どうし，すなわち TMC 現法と Tier1 現法の間で結ばれている。

第8章 「外注部品の設計承認」と「原価設定・改定(準レントの分配)」のルーチン　131

　この発注・受注契約の前提として，LO前の開発段階では原価設定に向けた交渉，LO後には年1回の価格改定交渉が行われる。この原価交渉もTMC現法とTier1現法の間で行われている。以下，この原価設定，原価交渉のルーチンについて詳しく見て行こう。

### ＜TMCとTier1との原価交渉（原価の詰め）＝準レントの分配交渉＞

　原価は，通常の開発業務とは異なり，外設申には原価目標が記載されておらず，外設申の正式発行以前に，別のフォーマットで設計→調達→サプライヤーへ指示されている。また，これも通常の開発とは異なり，原価は，ある程度まで現地で，すなわちTMC現法の購買担当とTier1現法の営業担当の間で詰められている。

　これは，①TMC現法とTier1現法が目標原価と言う共通の指標をもっていること，②現地製造の現場からの改善，そして，現地のエンジニア同士（トヨタ現法とTier1現法のエンジニア）の工夫等で詰められることによる。この現地での原価の詰めは，第一世代IMVと比べて，特にTMAP-EM設立以降は，現地側の双方の実力向上に伴い，今はその比率が高まってきている。

　しかし，達成困難となれば，当然，議論の場は日本にシフトする。まず，TMC設計とTier1本社の議論にTMC調達が入って詰めが行われる。

　これでも決着つかない場合，Zが入り，性能／品質を横目に見ながら判断している。以上は，LO以前の価格設定でも，LO以後の価格改定でも同様であり，また，TMCでは他の車種でも行われている調達ルーチン（原価設定，価格改定）のルーチンである。

### ＜もうかる部分をみせない受注＞

　デンソー，アイシンなどのシステム・サプライヤーでは，発注された車のクラス（ハイエンド，アッパー，ミドル，エントリー）に合わせて提供する技術（最新，新，既存，旧）を選択する。システム・サプライヤーは発注元と図面を完全に共有するため，技術的には「転写」が行われているが，提供する技術の選択で，準レントを確保する部分を増やし（収奪部分を減らし）ている。サプライヤーがどの技術を選択しているかは，発注元には見えていない。

システム・サプライヤーより「関係特殊的技能」の低いサプライヤーでは，発注元から図面の承認を受けた後で，「内図」を作成することがあると言われている[72]。

内図はサプライヤーの工程に合わせてより低コストで生産できるようにした設計図で，そこから標準作業書に落としていくところで，さらにコストダウンを図る。内図は非公式な図面のためカーメーカーに見えていない。また，標準作業書に落とすところのコストダウンは，設計のカイゼンではなく製造のカイゼンであるため，カーメーカーの承認を受ける必要が無い。いずれも「もうかる部分をみせない受注」の手法であり，これにより，サプライヤーは準レントを確保するのである[73]。

72 「内図」については，田村豊氏（愛知東邦大学教授）から御教示頂いた。ただし，内図はカーメーカーに承認されていない図面であり，カーメーカー側もサプライヤー側もその存在を認めることはない。近年はカーメーカー側の監査が厳しくなっており，Tier1 レベルでは少なくなっているとみられ，確認できる形で存在するとすれば Tier2 以下のレベルと考えられる。Tier1 レベルでは，カーメーカーが承認したとおりの図面で設計情報が素材，仕掛品に転写されるのが基本と言えよう。

73 サプライヤー・システムを「設計情報の創造と転写」という枠組みで分析したものに藤本隆宏［1997，2000，2003］がある。その理論は，「設計情報の創造（開発）・転写（生産）システム」論を骨格とする情報の経済学で，サプライヤーについては三つの組織ルーチン「長期継続的取引」，「少数サプライヤー間の能力構築競争」，「一括発注型の分業（まとめて任せる）」で特徴づけられている。発注する自動車メーカーの設計情報が効率的に転写される，情報の「めぐりの良い」組織が効率的組織として評価されている。これは発注側からの論理として妥当なものであり，効率的な組織とは何かを良く説明している。しかし，もう一方で受注側のルーチン（「受注」のルーチン），サプライヤー側のルーチンがある。準レントの分配に関しては，「もうかる部分を見せない受注」である。

そこには「転写」とは異なる，自動車メーカーとサプライヤーの「もうけ」をめぐる「せめぎあい」がある。発注側のルーチンと受注側のルーチン，二つのルーチンの対抗である。その枠組みは浅沼萬里［1989］が提示したものである。浅沼萬里は関係（特殊的）技能と投資が生み出す準レントとその収奪について次のように述べている。

浅沼によれば，承認図サプライヤーの関係（特殊的）技能は「自動車メーカーから出された仕様に応じて製品を開発する能力」，「仕様改善を提案する能力」，「承認を受けた図面に基づき工程を開発する能力」，「VE を通じて見込原価を低減させる能力」であり，このサプライヤーの関係技能が生み出す関係準レントは，発注側に収奪されなければサプライヤーの特別剰余価値である（浅沼萬里［1987，1997］）。これは，Klein, B., Crawford, R. G., and A. A. Alchian［1978］関係特殊的（設備）投資が生み出す「専有可能な準レント」（appropriable quasi-rent）として提起していたものである。

このサプライヤーの準レント（特別剰余価値）をめぐって発注側とサプライヤーが価格交渉を行う（浅沼［1989］）。これはサプライヤーが生み出した準レントだから，妥結した価格がこの分を下回ると「収奪」が発生する。また，この価格設定は，支配関係によるものだから独占価格である。これが，前述「準レントをめぐる労使対立」，「対抗」の内容である。

その他に，カーメーカーにいったん承認を受けた図面であっても，サプライヤーでの量産開始後に製造上の不具合が発生したり，製造効率をカイゼンするための提案があったりして，サプライヤー側の設計部門で設計変更が行われることがある。こうした設計変更は，略して「設変(せっぺん)」と呼ばれ，サプライヤーで広く存在しているルーチンである。ただし，トヨタの場合は，IMVの場合も，その他の車種の場合も，サプライヤー側の設計部門で設計変更された図面はすべてZ承認（最終的にはCEの承認）が必要とされている。「設変」の場合は，トヨタ側に効率がカイゼンされた部分が見えており，それは次の価格改定交渉に反映される。したがって，いわゆる「設変」は「もうかる部分を見せない受注」にはならない。あくまで，Z承認された図面，トヨタ側にカイゼンされた部分が見えている図面で，設計情報が素材や仕掛品に転写されていくのである。

## 第 9 章

# アジアにおける系列取引と深層現調化
～アジアにおける TMC の調達ルーチンの保持と Tier1 の調達ルーチンの変異～

### ＜アジアにおける系列取引と「深層現調化」＞

　第 I 篇でみた通り，開発の現地化は進んでおらず，日本において TMC と Tier1 のサイマルテニアス・エンジニアリングが行われている。

　このため，すでに Tier1 の多くが進出している，タイ，インドネシアなどの東南アジア拠点では系列取引が継続され，Tier1 が揃っていないインドには系列サプライヤーの新規進出が行われた。東南アジアでの新規進出も進み，現地調達率（現調率）が大きく向上した。

図 9-1　日本以外からの現地調達率 100％へ

・アジア域内，アジア⇔他地域間の部品相互補完により旧型に比べて抜本的に現地調達率を向上
・エンジン，マニュアルトランスミッションは生産拠点を集約し基本的に現調化

〈ソース別部品調達比率（タイの例）〉

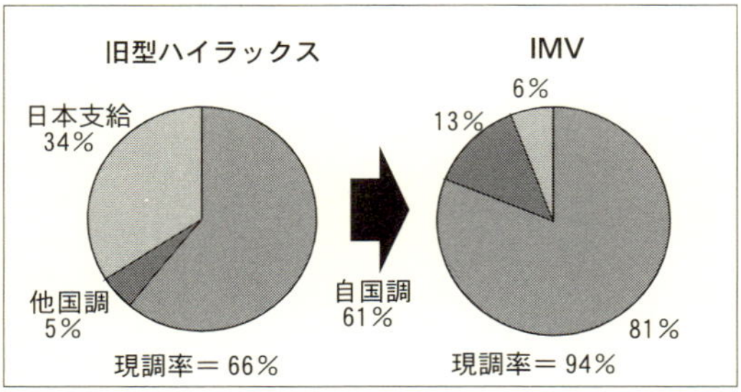

旧型ハイラックス
- 日本支給 34％
- 他国調 5％
- 自国調 61％
現調率＝66％

IMV
- 6％
- 13％
- 81％
現調率＝94％

〈IMV大物ユニット生産場所〉

| | ユニット工場 | 供給先（車両工場） |
|---|---|---|
| ディーゼル E/G | タイ | 全工場 |
| ガソリン E/G | タイ | タイ |
| | インドネシア | 全工場 |
| マニュアル T/M | フィリピン | 全工場 |
| | インド | |

（出所）　トヨタ自動車「IMV 販売累計 500 万台達成」会見（2012 年 4 月 6 日）プレゼンより作成。

最大の供給拠点であるタイでは，Tier1 のサプライヤーである Tier2 の進出も進んだ。これは，「深層現調化」と呼ばれている。深層現調化は，① Tier2 の進出による Tier1 の現地調達率の向上と，② Tier1 の治具，工具の現地生産の両面から進められた。

## 第1節　アジアでは系列の同伴進出
　　　　～インドネシアの IMV5，U-IMV の事例～

＜インドネシアではローカルソース化を系列で実現～現地純ローカルの活用，Tier2 までの現地化が課題～＞
第1節の概要
　インドネシアではローカルソース化が前進している。IMV5 の場合，インドネシア国内調達率（購買ベース，金額ベース）は 75％に達している。
　しかし，LSP（Local Source Part，現地調達部品）の8割（社数ベース）が系列サプライヤーの同伴進出によるものであり，現地純ローカルからの調達は小物中心である。
　また，IMV5 の Tier1 の調達の約半分が輸入である。これを考慮すると IMV5 の LSP 比率は 35％まで低下する。以上の特徴は U-IMV でも同様である。
　LCV，ULCV の実現には，Tier1 においては，高コスト高品質の系列から純ローカルへ，Tier2 においては輸入から現地純ローカルの活用，日本の Tier2 の進出が必要である。このうち，後者は，現調を Tier2 まで深めるという意味で，「深層現調化」と呼ばれている。
　トヨタのインドネシア現地法人 TMMIN では，こうした課題を次のスライドのように整理している。
　なお，TMMIN の資料では触れられていないが，深層現調化を進めていく上でのハードルが Japanese Standard（JS）である。外注部品の開発の段階で Standard をどうするか，あるいは，それを問わずに JS を維持する場合には，Allowance をどこまで詰めるか，これらが問われるであろう。

### 図9-2 TMMIN 状況認識

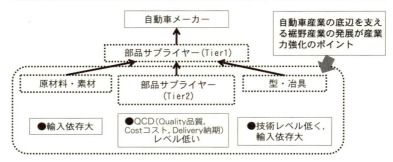

1. 生産拠点の役割がCKD拠点から輸出拠点へと変化しつつある
2. グローバル市場に受け入れられる品質レベルの確保が必要
3. コスト競争力確保のための現調化推進
4. 好調な市場を背景とした生産量の拡大

(注) この場合の「CKD拠点」は、現地での自動車組立に必要な部品を、「あたかも完成車を完全に分解（Complete Knock Down）したかのように」、ほとんど日本から輸入して組み立て、その完成品を現地販売する拠点のことである。これに対して「輸出拠点」は、部品の現地調達比率を向上させ（部品の輸入を減少させ）、組み立てた車（完成車）を輸出もするようになった拠点のことである。

(出所) 筆者によるTMMINでのヒアリング結果をまとめた。

## a．TMMINでのIMV5の事例

### ＜96％に達するIMV5の現地調達率＞

インドネシアにおけるIMV5（キジャン・イノーバ）の現地調達率をTMMINの購買ベース（金額ベース）で見てみると、LSP（進出先国内調達部品）が75％、MSP（Multi Source Part、域内調達部品）が21％であり、域内を含む現地調達率は合計で96％に達する。日本からの調達は残りの4％に過ぎない。

### ＜IMV5の一次サプライヤーの8割がトヨタ系列＞

インドネシアでは現地で生産されているIMV5のサプライヤーは全部で64社である。このうち51社（約80％）が日系合弁企業、残りの13社（約20％）

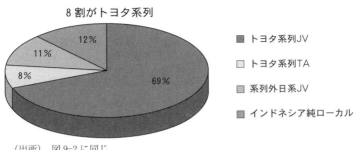

図9-3 IMV5の部品サプライヤー数（比率）LSPの調達先

（出所）図9-2に同じ。

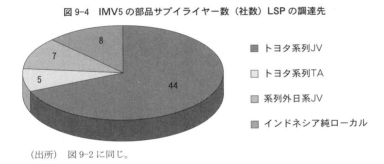

図9-4 IMV5の部品サプイライヤー数（社数）LSPの調達先

（出所）図9-2に同じ。

が現地企業である。

日系合弁のうち，系列メーカー（協豊会加盟）が44社，系列外（同非加盟）メーカーが7社となり，日系合弁企業に占める系列企業の比率は87%に達する。

したがって，IMV5のサプライヤーは8割が日系合弁企業で，その9割弱が系列部品メーカーということになり，この点では，系列企業中心の部品供給態勢と言える。

### ＜系列外現地企業8社のうち7社は小物メーカー＞

系列外は日系合弁企業が7社，現地企業が8社，合計で15社となり，IMV5のサプライヤーの約2割を占めているが，現地企業で機能部品を供給しているのはインティ・ガンダ・プルダナだけで，残りの7社は小物部品メーカーである。

したがって，系列外で機能部品を作っているのは日系の7社とインティ・ガンダ・プルダナを合わせて8社，IMV5のサプライヤーの約1割に過ぎず，残りの約1割が小物メーカーである。

以上のように，IMV5のサプライヤーは8割が系列メーカー，1割が系列外機能部品メーカー，1割が系列外小物メーカーで，小物メーカーを除く57社に占める系列部品メーカーの割合は86％に達する。このように，トヨタの系列部品メーカーが，TMMIN，そしてIMV5の高いインドネシア現地調達率を支えている。

### ＜Tier1レベルの現調化の進展＞

こうしたTier1レベルの現調化の進展をIMV5の前身であるTUVの時代から世代ごとに見たのが表9-1である。

この表に見られる通り，TMMINの現調化は第1世代TUVが投入された1977年から5世代にわたり，IMV5が投入される2004年まで30年近くに及ぶ時間をかけて漸進的に進んできたものである。

### ＜Tier1の現調率は50％弱～IMV5の製造原価の65％が輸入品～＞

以上のように，IMV5におけるTMMINの現調率は高いが，Tier1の現調率を見てみると様相が異なる。TMMINの推計では，IMV5の1次サプライヤーのLSP比率は金額ベースで50％弱であり，IMV5の1次サプライヤーの調達する部品・原材料の半分強が輸入品である。

このことは，TMMINのIMV5用の購買ベースでLSPにカウントされている部品・原材料の総額の半分強が輸入品であることを意味する。

そのことを考慮して，すなわち，LSPの半分強を輸入品とカウントすると，TMMINの計算では，IMV5用の調達総額に占めるLSPの割合は75％から35％に低下し，残りの40％が輸入品としてカウントされる。したがって，MSPの21％とJSPの4％に，この40％を加えると，IMV5の製造原価の65％を輸入品が占めることになる。

第9章　アジアにおける系列取引と深層現調化

表9-1(1)　第1世代キジャンからキジャン・イノーバに至る現地調達の進展と仕様の現代化

■ LSP(Local Source Part 現地調達部品)　■ MSP(Multi Source Part 域内調達部品)　□ JSP(Japan Source Part 日本からの輸入品)

| | 第1世代 1977-1980 | | 第2世代 1981-1985 | | 第3世代 1986-1996 | | 第4世代 1997-2004 | | 第5世代(イノーバIMV5) 2004- | |
|---|---|---|---|---|---|---|---|---|---|---|
| | 車両コード KF20 | | 車両コード KF20 | | 車両コード KF40, KF50, KF42, KF53 | | 車両コード KF70, KF80, LF70, LF80, 1RZ-E | | 車両コード TGN40, KUN40 | |
| | エンジン型式 | 3K | エンジン型式 | 3K, 4K | エンジン型式 | 5K, 7K | エンジン型式 | 7K, 7KE, RZ, 2L(D) | エンジン型式 | 1TR, 2TR, 2KD(D) |
| | 排気量 | 1.2ℓ | 排気量 | 1.3ℓ(3K) 1.5ℓ(4K) | 排気量 | 1.5ℓ(5K) 1.6ℓ(7K) | 排気量 | 1.8ℓ(7K,7KE) 2.0ℓ(RZ) 2.4ℓ(2L) | 排気量 | 2.0ℓ(1TR) 2.7ℓ(2TR) 2.5ℓ(2KD) |
| | 変速機 | 4速M/T | 変速機 | 4速M/T | 変速機 | 4速M/T 5速M/T | 変速機 | 4速5速M/T 4速A/T | 変速機 | 5速M/T 4速A/T |
| | 累積販売台数 | 26,806台 | 累積販売台数 | 191,668台 | 累積販売台数 | 492,123台 | 累積販売台数 | 429,128台 | 累積販売台数 | |

エンジン・燃料グループ

| | 第1世代 | | 第2世代 | | 第3世代 | | 第4世代 | | 第5世代 | |
|---|---|---|---|---|---|---|---|---|---|---|
| ラジエータ＆ファン | 銅製 | アルミ | 銅製 | アルミ | 銅製 | アルミ | 銅製 | アルミ | アルミ製 | ステンレス |
| エグゾーストパイプ | | | | | | | | | | |
| フュエルフィルター | | | | | | | | | | |
| シリンダヘッド | アルミダイキャスト | | アルミダイキャスト | | アルミダイキャスト | | アルミダイキャスト | | アルミダイキャスト | |
| シリンダブロック | 鉄鋳造 | | 鉄鋳造 | | 鉄鋳造 | | 鉄鋳造 | | 鉄鋳造 | |
| クランクシャフト＆ピストン | 鉄鋳造 | | 鉄鋳造 | | 鉄鋳造 | | 鉄鋳造 | | 鍛造 | |
| カムシャフト＆バルブ | | | | | | | | | 鉄鋳造 | |
| オイルフィルター | 紙フィルター | | 紙フィルター | | 紙フィルター | | 紙フィルター | | 紙フィルター | |
| Vベルト | Vタイプ | | Vタイプ | | Vタイプ | | Vタイプ | | リブタイプ | |
| オルタネータ | 電圧レギュレータあり | | 電圧レギュレータあり | | 電圧レギュレータあり | | 電圧レギュレータなし：12V45A | | 電圧レギュレータなし：12V80A | |
| スタータ | P:0.8Kw,12V,220A | | P:0.8Kw,12V,220A | | P:0.8Kw,12V,220A | | P:0.8Kw,12V,220A | | P: 1Kw,12V,275A | |
| オイルポンプ | | | | | | | | | | |
| インテークマニフォールド | アルミダイキャスト | | アルミダイキャスト | | アルミダイキャスト | | アルミダイキャスト | | 樹脂 | |
| マウンティング | メタルインサートラバー | | メタルインサートラバー | | メタルインサートラバー | | メタルインサートラバー | | メタルインサートラバー | |
| エグゾーストマニフォールド | 鉄鋳造 | | 鉄鋳造 | | 鉄鋳造 | | 鉄鋳造 | | 鉄鋳造 | |
| イグニッションコイル＆コード | ディストリビューター・タイプ | | ディストリビューター・タイプ | | ディストリビューター・タイプ | | ディストリビューターまたはインジェクション | | スティックコイル・タイプ | |
| フュエルシステム | キャブレター | | キャブレター | | キャブレター | | キャブレター | | インジェクション | |

表9-1(2) 第1世代キジャンからキジャン・イノーバに至る現地調達の進展と仕様の現代化

■ LSP (Local Source Part 現地調達部品)　　■ MSP (Multi Source Part 域内調達部品)　　□ JSP (Japan Source Part 日本からの輸入品)

| | | 第1世代<br>1977-1980 | 第2世代<br>1981-1985 | 第3世代<br>1986-1996 | 第4世代<br>1997-2004 | 第5世代(イノーバ・IMV5)<br>2004- |
|---|---|---|---|---|---|---|
| | 車両コード | KF20 | KF20 | KF40, KF42, KF50, KF53 | KF70, KF80, LF70, LF80, 1RZ-E | TGN40, KUN40 |
| | エンジン型式 | 3K | 3K, 4K | 5K, 7K | 7K, 7KE, RZ, 2L(D) | 1TR, 2TR, 2KD(D) |
| | 排気量 | 1.2ℓ | 1.3ℓ(3K)<br>1.5ℓ(4K) | 1.5ℓ(5K)<br>1.6ℓ(7K) | 1.8ℓ(7K,7KE)<br>2.0ℓ(RZ)<br>2.4ℓ(2L) | 2.0ℓ(1TR)<br>2.7ℓ(2TR)<br>2.5ℓ(2KD) |
| | 変速機 | 4速M/T | 4速M/T | 4速M/T<br>5速M/T | 4速、5速M/T<br>4速A/T | 5速M/T<br>4速A/T |
| | 累積販売台数 | 26,806台 | 191,668台 | 492,123台 | 429,128台 | |
| **パワートレイン・シャシーグループ** | | | | | | |
| | タイヤ | ハイアスタイヤ | ハイアスタイヤ | ハイアスタイヤまたは<br>チューブレスラジアルタイヤ | ハイアスタイヤまたは<br>チューブレスラジアルタイヤ | チューブレス<br>ラジアルタイヤ |
| | アブソーバー | 油圧 | 油圧 | 油圧 | 油圧 | 油圧 |
| | スプリング | リーフスプリング | リーフスプリング | リーフスプリング | リーフスプリング | コイルスプリング |
| | クラッチ&リリースフォーク | | | | | 10.5inch |
| | トランスミッション | 4速M/T | 4速M/T | 4速M/T 5速M/T | 4速M/T 5速M/T 4速A/T | 4速M/T 4速A/T |
| | チューブ(ブレーキ、燃料等) | | | | ISOフレア | セミ・フロー・バンジョー |
| | リアアクスル | | | | | |
| | ディスクホイール&キャップ | スチールホイール | スチールホイール | スチール(STD)または<br>アルミホイル(DLX,GL) | スチールまたは<br>アルミホイル | アルミホイル |
| | ステアリングホイール | ポリプロピレン製<br>2スポーク | ポリプロピレン製<br>2スポーク | ポリプロピレン製<br>2スポーク | ポリプロピレン製2スポーク<br>またはウレタン製3スポーク | ウレタン製4スポーク エアバックなし<br>ウレタン製4スポーク エアバックあり |
| | リアブレーキ | ドラムブレーキ | ドラムブレーキ | ドラムブレーキ | ドラムブレーキ | ドラムブレーキ |
| | フロントブレーキ | ドラムブレーキ | ドラムブレーキ | ディスクブレーキ | ディスクブレーキ | ディスクブレーキ |
| | プロペラシャフト | | | | | |
| | ディファレンシャル | | | | | |
| | クラッチエンジング | | | | | |
| | ステアリングコラム&シャフト | チルト(上下調整)無し | チルト(上下調整)無し | チルト(上下調整)無し | チルト(上下調整)無し | マニュアル・チルト |
| | フロントステアリングギア | マニュアルステアリング | マニュアルステアリング | マニュアルまたは<br>パワーステアリング | マニュアルまたは<br>パワーステアリング | パワー・ステアリング |

第9章 アジアにおける系列取引と深層現調化

表9-1(3) 第1世代キジャンからキジャン・イノーバに至る現地調達の進展と仕様の現代化

■ LSP (Local Source Part 現地調達部品) ■ MSP (Multi Source Part 域内調達部品) □ JSP (Japan Source Part 日本からの輸入品)

| | 第1世代 1977-1980 | | 第2世代 1981-1985 | | 第3世代 1986-1996 | | 第4世代 1997-2004 | | 第5世代(イノーバ IMV5) 2004- | |
|---|---|---|---|---|---|---|---|---|---|---|
| エンジン型式 | 車両コード KF20 | | 車両コード KF20 | | 車両コード KF40, KF50, KF42, KF53 | | 車両コード KF70, KF80, LF70, LF80, 1RZ-E | | 車両コード TGN40, KUN40 | |
| | 3K | | 3K, 4K | | 5K, 7K | | 7K, 7KE, RZ, 2L(D) | | 1TR, 2TR, 2KD(D) | |
| 排気量 | 1.2ℓ | | 1.3ℓ (3K) 1.5ℓ (4K) | | 1.5ℓ (5K) 1.6ℓ (7K) | | 1.8ℓ (7K,7KE) 2.0ℓ (RZ) 2.4ℓ (2L) | | 2.0ℓ (1TR) 2.7ℓ (2TR) 2.5ℓ (2KD) | |
| 変速機 | 4速M/T | | 4速M/T | | 4速M/T 5速M/T | | 4速,5速M/T 4速A/T | | 5速M/T 4速A/T | |
| 累積販売台数 | 26,806台 | | 191,668台 | | 492,123台 | | 429,128台 | | | |

| ボディグループ | | | | | |
|---|---|---|---|---|---|
| フレーム | | | | | |
| 燃料タンク | | | | | |
| ボディ組立におけるパテ使用 | パテ使用 | パテ使用 | パテ使用 | パテ不使用 | パテ不使用 |
| シート | 固定 | 固定 | 55ℓ使用 | 55ℓ | 55ℓまたは68ℓ |
| ラジエーターグリル | 金属 | 金属 | リクライニング・シート・ベルト | リクライニング・シート・ベルト | リクライニング・シート・ベルト |
| インストルメントパネル | 金属 | 金属 | 金属またはABS樹脂(塗装+メッキ) | 金属またはABS樹脂(塗装+メッキ) | 金属またはABS樹脂 |
| ルーフヘッドライニング&パッド | 無し | 無し | ポリプロピレン樹脂 | ポリプロピレン樹脂 | ポリプロピレン樹脂 |
| ミラー | 手動、樹脂成形つや消しハウジング | 手動、樹脂成形つや消しハウジング | PVC(ポリ塩化ビニール)または織物張り付け | PVC(ポリ塩化ビニール)または織物張り付け | 樹脂成形ヘッドライニング |
| バンパー | 金属に塗装 | 金属に塗装 | 手動、樹脂成形つや消しハウジング | 手動、樹脂成形つや消しハウジング | 手動、樹脂成形つや消しハウジング |
| フロアマット | 無し | 無し | 樹脂に塗装 | 電動、樹脂成形カラーハウジング | 電動、樹脂成形カラーハウジング |
| | | | | 樹脂に塗装 | 樹脂に塗装 |
| キャブ&ボディマウンティング | | | PVCまたはベロア織またはパンチカーペット | PVCまたはベロア織またはパンチカーペット | PVCまたはベロア織またはパンチカーペット |
| シリンダーロック | | | | | |
| エンブレム&ネームプレート | 樹脂 | 樹脂 | ABS樹脂を塗装 | ABS樹脂を塗装 | ABS樹脂を塗装 |
| ドアレギュレーター&ヒンジ | 手動 | 手動 | 手動 | 手動またはパワーウィンドウ | 手動またはパワーウィンドウ |
| コンソールボックス | 無し | 無し | 無し | ポリプロピレン樹脂 | ポリプロピレン樹脂 |
| ガラス | | | 強化ガラス | グリーン強化ガラス | グリーン強化ガラス |
| ドアハンドル | 金属 | 金属 | 樹脂にエンボス加工 | 樹脂にエンボス加工 | 樹脂にダブルエンボス加工 |

表 9-1(4) 第1世代キジャンからキジャン・イノーバに至る現地調達の進展と仕様の現代化

■ LSP(Local Source Part 現地調達部品)　■ MSP(Multi Source Part 域内調達品)　■ JSP(Japan Source Part 日本からの輸入品)

| | | 第1世代 1977-1980 | 第2世代 1981-1985 | | 第3世代 1986-1996 | | 第4世代 1997-2004 | | 第5世代(イノーバ・IMV5) 2004- | |
|---|---|---|---|---|---|---|---|---|---|---|
| | 車両コード | KF20 | 車両コード KF20 | | 車両コード KF40, KF50, KF42, KF53 | | 車両コード KF70, KF80, LF70, LF80, 1RZ-E | | 車両コード TGN40, KUN40 | |
| | エンジン型式 | 3K | 3K, 4K | | 5K, 7K | | 7K, 7KE, RZ, 2L (D) | | エンジン型式 | 1TR, 2TR, 2KD(D) |
| | 排気量 | 1.2ℓ | 1.3ℓ(3K) 1.5ℓ(4K) | | 1.5ℓ(5K) 1.6ℓ(7K) | | 1.8ℓ(7K,7KE) 2.0ℓ(RZ) 2.4ℓ(2L) | | 排気量 | 2.0ℓ(1TR) 2.7ℓ(2TR) 2.5ℓ(2KD) |
| | 変速機 | 4速M/T | 4速M/T | | 4速M/T 5速M/T | | 4速, 5速M/T 4速A/T | | 変速機 | 5速M/T 4速A/T |
| | 累積販売台数 | 26,806台 | 191,668台 | | 492,123台 | | 429,128台 | | 累積販売台数 | |

電装品グループ

| | | | | | | | | | | |
|---|---|---|---|---|---|---|---|---|---|---|
| バッテリー | 標準バッテリー | | 標準バッテリー | | 標準バッテリー | | 標準バッテリー | | メンテナンスフリーバッテリー | |
| ホーン | フラット | | フラット | | フラット | | フラット | | フラット | |
| ワイヤハーネス | | | | | | | | | | |
| フロントウィンカー | ガラスレンズ・金属ハウジング | | ガラスレンズ・金属ハウジング | | ガラスレンズ・金属ハウジング | | ポリカーボネイトレンズ, 樹脂ハウジング, リフレクタ付き | | ポリカーボネイトレンズ, 樹脂ハウジング, リフレクタ付き | |
| リアコンビネーションランプ | ガラスレンズ・金属ハウジング | | ガラスレンズ・金属ハウジング | | ガラスレンズ・金属ハウジング | | ポリカーボネイトレンズ, 樹脂ハウジング, リフレクタ付き | | ポリカーボネイトレンズ, 樹脂ハウジング, リフレクタ付き | |
| カーオーディオ | 無し | | 無し | | デジタル表示式ラジオ・プッシュボタン式カセット・1DIN | | デジタル表示式ラジオ・ロジック式カセット・CD, または2DIN | | デジタル表示オートエアコン R134 | |
| エアコン | 無し | | 無し | | ダブルフロア― R12 | | ダブルフロア― R134 | | | |
| ヘッドランプ | ガラスレンズ・金属ハウジング | | ガラスレンズ・金属ハウジング | | ガラスレンズ・金属ハウジング | | ポリカーボネイトレンズ, 樹脂ハウジング, リフレクタ付き | | ポリカーボネイトレンズ, 樹脂ハウジング, リフレクタ付き | |
| 室内灯 | 無し | | 無し | | | | | | | |
| スウィッチ＆リレー | | | | | | | | | | |
| ワイパー | | | | | | | 間欠式ワイパー フロント＆リア | | 間欠式ワイパー フロント＆リア | |
| コンビネーションメーター | | | | | | | | | タコメーター, サーボステッパーモーター・オーディトロメーター | |
| EPI | | | | | | | | | | |

(出所) 筆者によるTMMINでのヒアリング結果と、TAM本社ビルのレセプション横に来客向けに掲示されていた表からまとめた。

<「TMCの深層現調化」=「Tier1の現調率向上」が課題>

前述の計算では、すなわち、IMV5の部品総額のうちTier1が輸入した分を差し引くと、IMV5のLSP比率は35％まで低下する。

この低下の理由は、Tier1の現地調達率が低いからであり、LSP比率を向上させるには、Tier1の現地調達率を引き上げる他はない。

これをTMMINから見るとTier1よりさらに深い層の現地調達を進めるということであり、こうした現調化をTMCでは深層現調化と呼んでいる。

深層現調化はTier2の現地化によってしか進まないから、日本のTier2の現地進出か、現地ローカル企業からの調達への切り替えが課題となる。

図9-5　TOYOTA部品サプライヤーの現状

1）一次仕入先の状況
・70％はJ/Vであり、親会社の指導によりQCDはレベルアップしつつある。
・原材料に加え、構成部品の多くを輸入に頼らざるを得ない状況⇒二次仕入先はローカルサプライヤーが中心で、製品群もプレス部品、樹脂部品等の単純加工部品に限られる。

一次仕入先（全91社）
32％　68％
□Local　□J/V

2）二次仕入先の状況
・二次仕入先群はコスト競争力はあるが、品質、納期面で問題頻発。⇒指導する親会社がなく、人材育成が進まず。
（特に、品質管理システム、設備保全ノウハウ）

二次仕入先（主要174社）
26％　74％
□Local　□J/V

（出所）　図9-2に同じ。

### 表 9-2 TMMIN（TMC インドネシア現法）素材産業の現状

**素材（原材料，粗形材）の輸入依存度大**

| 部品区分 | 現調率 | 現状 |
|---|---|---|
| 鋼板 | × | 一部を除き大半が輸入。 |
| 樹脂 | × | 日本及びマレーシア，シンガポールからの輸入。 |
| アルミ | × | アルミインゴットは輸入。成形・加工は100％ローカル。 |
| ゴム | △ | 天然ゴムを除き輸入。成形・加工は100％ローカル。 |
| 鍛造 | △ | 小物品は大半がローカル。中・大物は日本他からの輸入 |
| 鋳鉄 | ○ | 100％ローカル（大物特殊品を除く）。 |
| ガラス | ○ | 100％ローカル。 |
| ケミカル | × | 大半が輸入。一部最終配合のみ現地で実施。 |

（出所）　図 9-1 に同じ。

### 図 9-6　TMMIN 金型メーカーの現状

**金型（特に樹脂）のレベルが低く，大半を輸入に依存**
裾野産業のもの造りを支える基礎として技術の蓄積が必要

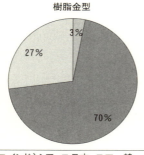

樹脂金型
- インドネシア 3％
- 日本 70％
- マ・韓・台 27％

⇒国内調達は3％程度に止まる。

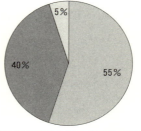

プレス金型
- インドネシア 5％
- 日本 40％
- 韓国 55％

⇒半分強は国内調達。大型部品，短納期品は輸入に頼る。

（出所）　図 9-2 に同じ。

## b．U-IMV の事例

### ＜U-IMV では純ローカル比率が3割に＞

　U-IMV では，機能部品でインティ・ガンダ・プルダナ（アクスル，プロペラシャフト）に加えて，ワハナ・エカ・パラミトラ（トランスミッション）からも新規に調達している．しかし，残りの 22 社は小物のプレス，樹脂，ゴムなどであり，機能部品など，重要な部品は日系からである．ただし，共同開発のため，トヨタ系列の他にダイハツ系列からも調達している．全体として，IMV よりは純ローカル製 LSP への移行が進んでいるが，まだまだ小物中心である．

### ＜日系のコストダウン，現地系の育成＞

　部品レベルでも Japanese Standard（JS）がネックとなっており，下記が課題となっている．

【日系サプライヤーの課題】

　JS を変更せずに Allowance を最小化すること．ルノーがダチア・ブランドを用いて相対的に低い Standard を利用しているように，新興国ブランドを別ブランド化して相対的に低い Standard を利用すること．日本の Tier2 以下に現地進出してもらうこと．

【純ローカルサプライヤーの課題】

　純ローカル Tier1，Tier2 の発掘と育成

### 図9-7 U-IMVの部品サプライヤー数（比率）LSPの調達先

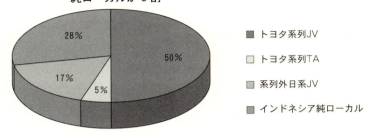

純ローカルが3割

（出所）図9-2に同じ。

### 図9-8 U-IMVの部品サプライヤー数（社数）LSPの調達先

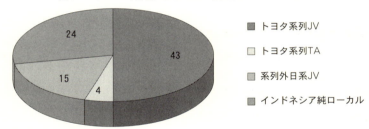

（出所）図9-2に同じ。

# 第10章

# 南ア，南米では系列外との取引
~南ア，南米におけるTMC現法の調達ルーチンの変異~

## 第1節　TASA，TDVの事例

### ＜南アフリカ，南米での非系列取引＞

　アジアと異なり，南アフリカ（TSAM），南米（TASA，TDV）では，関係特殊的技能，関係特殊的投資を蓄積していない欧米の非系列Tier1からの調達が中心となった。

　これらのサプライヤーには，①TMCが図面を書いて貸与するか，②TMCが欧米系サプライヤーの現地子会社に外設申を出して，その本国本社が設計し，それをZ承認するか，③系列Tier1が非系列Tier1とT/A（技術提携）を結び，ロイヤリティと引き換えに図面を貸与するか，そのいずれかが行われた。

　そのいずれにせよ，欧米の非系列Tier1には関係特殊的技能がないため，貸与された図面で部品を製造する工場に留まるか，長期継続的なノウハウの蓄積がないまま自力で設計するか，T/Aすることになった。

　関係特殊的でないサプライヤー中心の部品供給態勢は，トヨタにとっては新しい調達ルーチンであり，グローバル化に対応した変異であり，調達組織の進化である。

　本節では，アジアの系列調達との対比が明瞭な南米のTASAとTDVを取り上げ，その詳細を見ておく。そのうえで，第2節では系列調達の典型例としてインドネシアのTMMIN，非系列調達の典型例としてTASAを取り上げ，比較する。

＜TASA の事例＞

　まず，TASA はアルゼンチンに立地するトヨタの現地法人であるが，アルゼンチンがブラジルとともに南米の自由貿易地域，メルコスールに参加しているため，ブラジルからでも国内と同じく関税ゼロで部品を輸入できる。それに対応して TASA とブラジルの現地法人 TDB はバーチャルカンパニーとしてトヨタ・メルコスールを設立している。

　そのため，TASA の調達先はアルゼンチンとブラジルの両方に立地している。しかし，ブラジルにせよ，アルゼンチンにせよ，日系カーメーカーの進出が少なく，日系サプライヤーの進出も少ない。その結果，TASA でもアルゼンチンとブラジルのサプライヤーを合計した全体に占める日系サプライヤーの比率は 2 割しかなく，原材料サプライヤーも含めると 2 割を切って 16.8％しかない。アルゼンチンとブラジルを比べると，アルゼンチンの日系が 1 割ほど，ブラジルの日系が 3 割ほどで，アジアと比べて大幅に低い。

　逆に，ボッシュ，ジョンソン・コントロールなどの欧米系グローバル（表 10-2 では，GL と表記）サプライヤーが 4 割半，現地のローカル（表 10-2 では，LOC と表記）サプライヤーが 3 割半で合計すると 8 割を占める。

　日本やアジアでは，トヨタとの長期継続的取引で関係特殊的技能を蓄積し，関係特殊的投資も進めてきた系列サプライヤーが同伴進出し，現地でも日本と変わらない系列取引ができている。しかし，アルゼンチンではそうした系列サプライヤーは 2 割に過ぎず，関係特殊的技能の蓄積が少なく，関係特殊的投資も進んでいない，欧米系や現地系が 8 割を占めているのである。

＜TDV の事例＞

　この他に，南米には特殊な事例として，ベネズエラの IMV 製造拠点 TDV（Toyota de Venezuela：トヨタ・ド・ベネズエラ）がある。この国は日系サプライヤーの進出がさらに少なく，日系 JV はブリジストン 1 社のみ，日本の Tier1 と T/A したローカル 5 社しかない。LSP の供給元 40 社中，日系は T/A を含めて 6 社，15％。残りの 85％は欧米系か現地ローカルということになる。

　現地 JV，T/A サプライヤーは外設申（外注部品設計申入書）を TMC から

表10-1 TOYOTA ARGENTINA S.A. の IMV 用部品サプライヤー

| 立地国 | |
|---|---|
| アルゼンチンの自動車部品サプライヤー | 46 |
| ブラジルの自動車部品サプライヤー | 34 |
| ウルグアイ自動車部品サプライヤー | 1 |
| 評価中のアルゼンチンの部品サプライヤー | 2 |
| 原材料サプライヤー | 18 |
| 合計 | 101 |

部品の日系比率は2割

| | 原材料サプライヤーを除く | 原材料サプライヤーを含む |
|---|---|---|
| 全体での現地日系サプライヤー比率 | 20.5% | 16.8% |
| アルゼンチンの現地日系サプライヤー比率 | 13.0% | 9.5% |
| ブラジルの現地日系サプライヤー比率 | 32.4% | 31.4% |

（出所）　筆者による TASA でのヒアリング結果をまとめた。

表10-2　現地グローバルが45%，ローカルが35%　日系以外が合計で8割

| | Raw material を含まない | Raw material を含む |
|---|---|---|
| 全体での現地 GL サプライヤー比率 | 44.6% | 43.4% |
| アルゼンチンの現地 GL サプライヤー比率 | 40.0% | 35.4% |
| ブラジルの現地 GL サプライヤー比率 | 54.3% | 55.9% |

| | Raw material を含まない | Raw material を含む |
|---|---|---|
| 全体での現地 LOC サプライヤー比率 | 36.6% | 31.3% |
| アルゼンチンの現地 LOC サプライヤー比率 | 46.1% | 47.9% |
| ブラジルの現地 LOC サプライヤー比率 | 20.0% | 17.6% |

（出所）　表10-1に同じ。

受け取ると，日本の JV 先，T/A 先が設計図を作成し，現地 JV は日本の親会社が所有する承認図をロイヤリティを払って使用する。日本の Tier1 と T/A したローカルも，日本の T/A 先が所有する承認図をロイヤリティを払って使用している。残りの85%は承認図を作成している。

　ベネズエラの TDV が抱える最大の問題は強い外貨統制（CADIVI による外貨割当制度）があり，外貨割当のあった分しか CKD が輸入できず，生産計画は外貨割当額で決まることである。

TDV が TMC に支払うロイヤリティ支払いには外貨割当がないため，TMC からの CKD 輸入価格に上乗せして支払っている。これは，ベネズエラの特殊な環境で発達した，ベネズエラ独自のルーチンである。

　公定レートは1ドル＝6.3ボリーバル・フエルテだが，市場（闇）レートは2013年4月で25ボリーバル・フエルテで4分の1，2014年2月には90ボリーバル・フエルテで15分の1まで暴落している。CKDは公定レートだが，車を買うような富裕層はドルを持っており，市場レートでボリーバルに両替している。フォーチュナー（IMV4）の2013年4月時点の現地価格は83万ボリーバルで公定レートだと13万ドル（1300万円）だが，市場レートなら3万3200ドル（332万円）となっている。

　また，それまで生活必需品が対象だった物価統制法に自動車を追加する法案が成立（2013年9月）した。これにより，自動車価格は2013年2月上旬の価格に統制されることになった。2月下旬に1ドル4.3ボリーバルから6.3ボリーバルへの切り下げがあり，さらに物価も上昇しているため，TDVの利益が食われる状況である。TDVは赤字にならないギリギリのラインだが，今後のインフレで赤字化が確実で，事業継続は困難な状況であり，実際に2014年2月より生産を停止している。撤退の選択もあり得る状況である。

　他の業種でも生産の落ち込みが大きく，統制されているティッシュペーパーは市場から消えつつある。経済の疲弊は急速に進行している。このことが，4月大統領選でのマドゥーロ（チャベス後継者）の勝利が2％の僅差だった背景とみられる。

　サウジを上回る原油埋蔵量，原油価格高騰で順調な石油輸出，それによる外貨収入は貧困層対策と周辺国支援に使われていることになっているが，そのかなり大きな部分が PDVSA（国営石油公社）から FONDEN（国家開発基金）に流れている模様である。PDVSA からの流入額は不明で，FONDEN の支出は議会の承認不要で公表義務もない。チャベスの癌公表以後統制が緩み始め，チャベスの死去，新大統領就任でその傾向が強まり，経済の疲弊と混乱が深刻化している。

## 第2節　系列調達のインドネシア，非系列調達のアルゼンチン
〜調達における意図せざる進化〜

表 10-3(1)　インドネシアとアルゼンチンのサプライヤーの国籍別比較
　　■ LSP(Local Source Part 現地調達部品)
　　■ MSP(Multi Source Part 域内調達部品)
　　■ JSP(Japan Source Part 日本からの輸入品)

| インドネシア | | 部品名 | アルゼンチン | |
|---|---|---|---|---|
| 会社名 | ルーツ | | ルーツ | 会社名 |
| | | エンジン・燃料グループ | | |
| デンソー | JP | ラジェータ＆ファン | GL | CIBIE |
| フタバ産業 | JP | エクゾーストパイプ | GL | FAURECIA |
| デンソー | JP | フュエルフィルター | GL | MAHLE |
| ダイハツ工業 | JP | シリンダヘッド | | |
| トヨタ | JP | シリンダブロック | | |
| トヨタ | JP | クランクシャフト＆ピストン | | |
| デンソー | JP | カムシャフト＆バルブ | | |
| デンソー | JP | オイルフィルター | | |
| 三ツ星ベルト | JP | Vベルト | | |
| デンソー | JP | オルタネータ | GL | Robert Bosch |
| デンソー | JP | スタータ | GL | Robert Bosch |
| デンソー | JP | オイルポンプ | JP | DENSO ARG |
| アイシン高丘 | JP | インテークマニュフォールド | | |
| フコク＆東海ゴム | JP | マウンティング | LOC | DANA |
| アイシン高丘 | JP | エクゾーストマニュフォールド | LOC | DEMA |
| デンソー | JP | ウォーターポンプ | JP | DENSO ARG |
| デンソー | JP | イグニッションコイル＆コード | JP | DENSO ARG |
| デンソー | JP | フュエルシステム | GL | KAUTEX |

＜日系が9割，系列が8割のインドネシアと対照的＞

インドネシアのIMVの現地調達では日系が9割を占め，日系中心の供給態勢が構築されている。また，全体の8割が系列であり，同伴進出の比率も高い。

このため，長期継続取り引きで部品メーカーを育成しながら，あいまい発注・無限の要求（清［1990］）で収奪するという系列取引の特徴がインドネシアにも移転されている。

表10-3(2)　インドネシアとアルゼンチンのサプライヤーの国籍別比較

- LSP（Local Source Part 現地調達部品）
- MSP（Multi Source Part 域内調達部品）
- JSP（Japan Source Part 日本からの輸入品）

| インドネシア | | | アルゼンチン | |
|---|---|---|---|---|
| 会社名 | ルーツ | 部品名 | ルーツ | 会社名 |
| | | パワートレイン・シャシグループ | | |
| ブリヂストン，グッドイヤー，住友ゴム | JP | タイヤ | JP | BRIDGSTONE |
| | | | GL | GOOD YEAR |
| カヤバ工業 | JP | アブソーバー | GL | FRIC ROT |
| 中央発條 | JP | スプリング | GL | ALLEVARD REJNA |
| アイシン精機 | JP | クラッチ＆リリースフォーク | GL | SCHAEFFLER |
| TAP | LOC | トランスミッション | | |
| なし | | チューブ（ブレーキ，燃料等） | JP | TOYOTA TSUSHO ARG |
| Inti Ganda Perdana | LOC | リアアクスル | JP | TDB |
| 中央精機，エンケイ， | JP | ディスクホイール＆キャップ | LOC | FERROSIDER WHEELS |
| Pakoakuina | JP(T/A) | | LOC | POLIMETAL |
| 豊田合成 | JP | ステアリングホイール | JP | Takata-Petri |
| 曙ブレーキ | JP | リアブレーキ | GL | TRW Varga |
| ADVICS | JP | フロントブレーキ | GL | TRW Varga |
| Inti Ganda Perdana | LOC | プロペラシャフト | GL | DANA ARG-PROPELLER |
| トヨタ北海道 | JP | ディファレンシャル | | |
| アイシンAW | JP | クラッチシリンダ | | |
| ASSB | LOC | ステアリングコラム＆シャフト | JP | JTEKT |
| なし | | フロントステアリングギア | JP | JTEKT |

## <意図せざる「進化」>

　南米は日系自動車メーカーが少ない。アルゼンチンはトヨタのみ，ブラジルでもトヨタ，ホンダの2社，ベネズエラにトヨタ，コロンビアにマツダがあるのみである。日系のシェアも小さい。米系メーカー中心の市場であり，部品メーカーも欧米系が中心となっている。

表10-3(3) インドネシアとアルゼンチンのサプライヤーの国籍別比較

LSP (Local Source Part 現地調達部品)
MSP (Multi Source Part 域内調達部品)
JSP (Japan Source Part 日本からの輸入品)

| インドネシア | | | アルゼンチン | |
|---|---|---|---|---|
| 会社名 | ルーツ | 部品名 | ルーツ | 会社名 |
| | | ボディグループ | | |
| アイシン精機 | JP | フレーム | GL | METALSA |
| 堀江金属工業 | JP | 燃料タンク | GL | INERGY |
| | | | GL | KAUTEX |
| トヨタ | JP | ボディ組立におけるパテ使用 | | |
| トヨタ紡織 | JP | シート | JP | MASTER TRIM ARG |
| デンソー | JP | ラジエーターグリル | JP | Denso BR |
| トヨタ車体 | JP | インストルメントパネル | | |
| イノアック | JP | ルーフヘッドライニング&パッド | GL | Intertrim |
| 村上開明堂 | JP | ミラー | GL | METAGAL ARG |
| トヨタ車体 | JP | バンパー | GL | TTA |
| イノアック | JP | フロアマット | LOC | PLIMER |
| なし | | キャブ&ボディマウンティング | LOC | Mueller cables |
| なし | | シリンダーロック | JP | Aisin |
| トヨタ車体 | JP | エンブレム&ネームプレート | LOC | UNE |
| なし | | ドアレギュレータ&ヒンジ | GL | Brose |
| イノアック | JP | コンソールボックス | | |
| 旭硝子 | JP | ガラス | GL | PILKINGTON |
| なし | | ドアハンドル | GL | Valeo BR |
| | | | GL | VSS |

このため，日系部品メーカーは同伴進出しても販路が狭く，スケールが期待できない。他方で，メルコスール域内では，域内調達しないと関税が高い。

その結果，インドネシアの事例とは対照的に，アルゼンチンの IMV では日系サプライヤーの比率は 2 割しかなく，現地グローバルが 45%，アルゼンチン，ブラジルのローカルが 35% と，日系以外が 8 割を占めることになっている。

日系以外の 8 割はすべて系列ではなく，調達ルーチンが非系列取引に変化したことを意味する。この「変化」では，系列の強み〜長期継続的取引によるサプライヤーの積極的な投資，自主的なカイゼン，自動車メーカーからの無限の要求への対応など〜は発揮されない。この意味では，「進歩」と言う意味での

表10-3(4) インドネシアとアルゼンチンのサプライヤーの国籍別比較

- LSP (Local Source Part 現地調達部品)
- MSP (Multi Source Part 域内調達部品)
- JSP (Japan Source Part 日本からの輸入品)

| インドネシア | | | アルゼンチン | |
|---|---|---|---|---|
| 会社名 | ルーツ | 部品名 | ルーツ | 会社名 |
| | | 電装品グループ | | |
| 日本電池 | JP | バッテリー | GL | ENERTEK |
| デンソー | JP | ホーン | | |
| 矢崎総業，住友電工 | JP | ワイヤーハーネス | JP | YAMAZAKI URUGUAY |
| 市光工業 | JP | フロントウィンカー | | |
| 市光工業 | JP | リアコンビネーションランプ | GL | CIBIE |
| 富士通テン，パイオニア，松下電器産業 | JP | カーオーディオ | JP | Pioneer |
| デンソー | JP | エアコン | JP | DENSO ARG |
| 市光工業 | JP | ヘッドランプ | GL | CIBIE |
| 市光工業 | JP | 室内灯 | GL | CIBIE |
| なし | | スウィッチ&リレー | JP | Tokai Rika |
| なし | | ワイパー | | |
| デンソー | JP | コンビネーションメーター | | |
| なし | | EPI | | |

（出所）筆者による TMMIN，TASA でのヒアリング結果をまとめた。

進化ではない。

　しかし，日系系列サプライヤーが2割しか確保できない地域でも，確保できる地域と同様にトヨタ・スタンダードを維持してIMVを生産できる，その意味では，進化，それも「進歩」と言う意味での進化である。

　とはいえ，アフリカ，南米を除く地域では，同伴進出・系列調達に変わりなく，この地域でも，条件があれば系列調達を選択したと思われる。したがって，この進化は，日系サプライヤーが確保できないという条件で生じた，意図せざる結果ともいえよう。

　だが，承認図面がZに上がってくる段階では，その部品／システムは開発を完了したことを意味している。Zにとって大事なのは開発のプロセスである。問題が大きい時は，設計からZにもタイムリーに進捗が報告され，必要であればZも設計判断に加わる。そのような議論/検討が尽くされた後の承認図へのサインである。

　さらに，TMC設計でチェックを受けてZに上がってくるTier1が作成した承認図には，TMCとTier1との開発の経緯をダイジェストしたノート（設計チェックシート）がトップに添付されている。それを読めば，"あの課題の部品がこうなったのか"と大体判る仕組みになっている。また，欧米系の，たとえばBosch製の承認図を出図する際には，デンソー製との違いをTMC設計が簡単にまとめた説明をつけていることもある。

　このように，同じ部品でありながらデンソー製，Bosch製，とサプライヤーが違っても，Zの承認プロセスには変わりはない。

　以上のように，①アフリカ，南米で欧米系の非系列サプライヤーからの調達，すなわち，関係特殊的技能の蓄積が日系の系列サプライヤーに比べて少ないサプライヤーからの調達が中心になり，その意味で調達ルーチンに分化が見られるが，②その関係特殊的技能の違いは，設計部門で吸収可能な範囲であり，Z承認の段階では系列，非系列の違いは手続き的に存在せず，Zメンバーの意識の上でも存在しない。

　したがって，この調達ルーチンの分化は，たしかに存在するが，その分化をもたらす関係特殊的技能の違いはトヨタの設計部門で吸収されてしまい，Z承認の段階では系列，非系列の違いは無くなっている。

これは，日系サプライヤーと欧米系サプライヤーの間の関係特殊的技能の格差縮小と，トヨタの格差吸収能力の発展の両方の結果であろう。

　なお，このようにアジアと南ア，南米で同じ部品でも調達先が異なる，すなわち，アジアでは日系サプライヤー（たとえばデンソー），南アフリカ，南米では欧米系サプライヤー（たとえばボッシュ）から調達することになると，TMCは同じ部品について日系と欧米系に外設申を出し，日系は日本で，欧米系は欧米の母国で図面を書くことになる。

　外設申で要求されるスペックは同じだから，そのスペックを充たす部品が出来る点は日系と欧米系で同じだが，図面は日系と欧米系で異なる図面ができて，それをTMCが承認することになる。これは同じ部品の設計に関する二重投資だからムダな投資に見える。

　これを無くすにはアジアと同様に南ア，南米にも日系Tier1が同伴進出すれば良いのだが，南ア，南米には日系カーメーカーの進出が少なく，またシェアも低いため，Tier1が同伴進出しても量が確保できないため，実際には同伴進出は進んでいないし，進む見込みも今のところない。

　また，日系Tier1の図面をTMC経由で欧米系Tier1に見せたり，参考資料として提供したりすることも行われていない。

　その前提で，南ア，南米でIMVを製造するには設計への二重投資は避けられない。この前提で考えれば，設計への二重投資というルーチンの変異も進化といえよう。

# 第11章

# TMC現法におけるJSP，MSP，LSPの購買管理
~内示（予測）と確定のタイミングと，内示（予測）の精度~

## 第1節　TMC現法の内示（予測）と確定のタイミングとJSP，MSP，LSPのライン側までの部品物流

　本節では，海外現地法人であるIMV製造拠点からの部品発注と部品物流について概観する。IMV製造拠点が発注する部品は，①輸入部品，②現地調達部品，③現地内製部品の三つに分けることができる。

　輸入部品は大きく日本からの輸入品（Japan Source Parts，JSP）と周辺国からの輸入品（Multi Source Parts，MSP）に分かれる。

　JSPはTMC内製品とTMCのTier1への外注品で構成され，量産国向けは上郷（かみごう）物流センター，少量国向けは飛島（とびしま）物流センターで梱包（CKDパック）される。TMC現法（工務）からTMCへのオーダーは着工日をD日としてD－（ディーマイナス，D日まで何日）で管理されている。台湾の国瑞汽車の場合はD－20日でTMCに確定オーダー（1回／日の「デイリーオーダー」）が出る。これをもとに物流センターでの梱包日をN日としてN－4日にTMCからTier1へ1回／日の確定オーダーが出ている。

　内示は現地着工月をN月としてアジアではN－2月，アフリカ，南米ではN－3月に1回／月の頻度で出ている。内示はN＋2月までなので，アジアでは4カ月，アフリカ，南米では5カ月内示されている。

　MSPの場合は，JSPが「デイリーオーダー」となっているのとは異なり，現法工務から周辺国に月に1回，確定オーダーが出る「月度オーダー」となっている。これに対応して，周辺国現法から周辺国Tier1に対しても月に1回，

確定オーダーが出る「月度オーダー」となっている．内示と現地港に入港してからの流れはJSPと同じである．

　JSP，MSPともに現地港でCY（コンテナヤード）に下ろされ，工場へ搬送→コンテナを開けて（デバンして），PXP（パーツバイパーツ）モジュールの形で積み下ろし→モジュール開梱→PC（パーツコントロール）ゾーンで車種ごとに仕分け→S（ソーティング）レーンでPレーンから来る現調品（LSP）と合流する．LSPと異なりJSP，MSPはPレーンに入らず，SレーンでLSPと合流する．

　現地調達部品は現地サプライヤー（Tier1）からの調達部品でLSP（Local Source Parts）と呼ばれる．発注タイミングはJSPと同じで，N−2月から1回／月の4カ月（アジア），5カ月（アフリカ，南米）内示，1回／日の確定オーダー（デイリーオーダー）である．

　トラックから下ろされた部品はPCゾーンで車種ごとに仕分けられ，工務の作成した平準化計画にしたがって，24分割されたPレーン（Progress Lane：進度吸収レーン）に収められる．製造ラインが2シフト16時間稼働なら16時間÷24レーンで1レーンに40分の稼働に必要な部品が収納される．納入レーンはTMC現法の平準化計画で決まる．TMC現法にとっては部品在庫に余裕（24レーン分）ができ，現法Tier1にとっては満載で納入できる（物流コストが下げられる）メリットがある．

　SレーンでJSP，MSP，LSPが合流してフォークリフトの運搬ルート別（車道別）に仕分けられ，SPS場（セットパーツ場）に搬入される．ここで，組立ラインを流れる車の順に1台分ずつ台車に部品がセットされ，台車数台分ずつまとめて牽引車でライン側に運ばれていく（SPS，Set Parts Supply）．

　ただし，エンジン，トランスミッションなどの大物部品については，JSP，MSPの場合はコンテナからデバンされたあと，大物モジュール置場に送られ，別に開梱され，大物置場→大物順立場→ライン側へ順立供給される．同様に，LSPもPCゾーンからPレーンに向かわず，大物置場→大物順立場→ライン側へ順立供給される．

　輸入される小物部品（代表的にはネジ）は，小物モジュール置場→開梱→小物置場→小物箱に入れてカンバン供給されている．

## 第2節　TASA までの長距離部品輸送と発注タイミング，予測（内示）精度

### ＜TASA は IMV 専用の輸出拠点で製品の 67％を輸出，33％が国内向け＞

　TASA は IMV のみを生産する専用工場で，IMV1，3，4 を 5：80：15 の比率で生産している。生産能力は 2011 年まで年産 7 万台だったが，2011 年 11 月に能力を増強して年産 9 万台となった。そのうち，67％を輸出しており，アルゼンチン国内向けの比率は 33％である。(2013 年 3 月取材時点，以下同様)
　このうち，輸出分の 67％は国内向けに比べて早い時期に生産計画が固定され，仕様変更の影響を受けなくなるが，アルゼンチン国内向けの 33％は TASA がディーラーからの仕様変更に応じるため，それに応じて TASA の生産計画も変動する。しかし，次に見るように TASA は輸送に 1 カ月以上かかる東南アジアや日本からの部品輸入比率が高く，その分の仕様は輸送時間も考慮した早期の発注で固定されるため，TASA がディーラーからの使用変更に応じられる範囲は限定される。

### ＜現調（LSP）30％，ブラジル（BR）25％その他（MSP）20％，CKD25％＞

　TASA はアジアの IMV 製造拠点と比べて現調（LSP）率が 30％と低く，輸入部品が 70％を占める（金額ベース）。輸入の内訳はメルコスール域内のブラジル（BR）が 25％，その他の MSP が 20％，CKD が 25％となっている。
　アルゼンチン国内での現地調達分（30％）はミルクランで輸送される。トラックは TASA が契約し，支払いもしている。
　ブラジルからの輸入分（25％）は，サンパウロのクロスドックまでは TDB (Toyota do Brasil) やブラジルのサプライヤーが運び，クロスドックから先は TASA が契約し，支払いも行うトラックで輸送している。1 日当たり 10 便，サンパウロのクロスドックから TASA が立地するザラテまで 1700 キロの距離を 40 時間かけて陸上輸送している。
　全体の 20％を占める MSP は主にタイ，インドネシアなどの東南アジアから

の輸入で，商流としては TMAP シンガポールがハンドリングしているが，物流としてはタイ，インドネシアで梱包したものを発送している。その後，パナマ運河を経由して南米大陸東岸を南下，サンパウロにシンガポール出航後 34 日で到着，サンパウロからブエノスアイレスまで海路 2 日，陸路 3 日である。

CKD（25%）は主にエンジンコンポーネントで，内訳は 90% がディーゼル（KD エンジン），10% がガソリン（TR エンジン）である。ディーゼル（KD）はトヨタ自動織機が日本で製造したものを輸入している。ガソリン（TR）はインドネシアの TMMIN が製造したものの輸入である。エンジン以外ではトランスミッションと電子部品が CKD に占める割合が高い。

日本から輸出される KD エンジンの輸送経路は MSP と同じだが，日本出航後サンパウロ到着までの日数が 40 日と長くなる。インドネシアからの TR エンジンは MSP と同じ経路，日数（34 日）である。

＜N－3 月での内示，N＋1 月，N＋2 月の予測（内示）の精度＞

TMC からサプライヤーへの内示は，日本では TMC の着工月（N 月）の 1 カ月前（N－1 月）に「部品注文書」の形で行われているが，その部品注文書には N－1 月の 2 カ月先，すなわち N 月の翌月（N＋1 月）の予測と，N－1 月の 3 カ月先，すなわち N 月の翌々月（N＋2 月）の予測が「内示」されている（3 カ月内示と呼ばれる）。サプライヤーは，この 3 カ月内示にしたがって，N－3 月（N 月の 3 カ月前）から準備を開始し，生産計画を立案する。日本国内では TMC が 3 カ月内示（3 カ月前の需要予測）を変更していくため，サプライヤーの生産計画もそれに応じて改定されていく。TMC からの発注は，最終的にカンバンや順序情報などで確定する。（富野［2012］）

しかし，アルゼンチンは現調率が 3 割しかなく，輸送に 1 カ月以上かかる MSP，JSP の合計が 45% に達する。この MSP，JSP のリードタイムを考慮してサプライヤーへの発注が行われるため，ブラジル調達，国内調達分も含めて，TASA の着工月（N 月）の 3 カ月前（N－3 月）に部品注文書が発行されている。

この部品注文書には日本と同じく N＋1 月，N＋2 月の予測（内示）が記載されているが，TASA ではこれがそれぞれ部品発注月（N－3 月）から 4 カ

月先，5カ月先の予測となる。日本の場合はそれぞれ2カ月先，3カ月先だから，予測の精度は日本と比べて低下せざるをえない。

　一般に日本国内の予測（N＋1月＝2カ月前，N＋2月＝3カ月前）と実際（N月）の間の振れ幅は数パーセントと言われる。（富野［2012］）

　これに対してTASAは，N＋1月の予測（4カ月前の予測）と実際（N月）の振れ幅10%以内，N＋2月の予測（5カ月前の予測）と実際（N月）の振れ20%以内をサプライヤーに保証するとしている。実際の振れ幅は情報を入手できなかったが，日本よりかなり低い予測精度になるとみられる。予測と実際の乖離分はサプライヤーが在庫を持つことで対応することになるため，サプライヤーに在庫のムダが発生する。

# 終章
# トヨタは無消費との対抗でもジレンマを超えられるか？
～本書の結論とインプリケーション～

### 第1節　本書の結論

　本書は，トヨタの新興国車 IMV を「開発」，「製造」，「調達」の三つに分けて課題を設定しているので，そのそれぞれに関する結論を述べていく。まず，「開発」についてだが，これについては IMV, U-IMV, D80N の順に結論を述べていく。

　　　＜IMV の持続的イノベーションを成功させた CE-Z のシステムとルーチン＞
　序章第4節で提示した IMV の開発に関する課題は，「その持続的イノベーションの戦略と組織を実証的に分析すること」，「その持続的イノベーションの成功の要因を戦略と組織の両面から分析」することであった。そこで，IMV の持続的イノベーションの戦略が IMV の開発組織の中からどのようにして生み出されてきたのかについて，図 2-1「CE-Z による開発実務組織の横串」を参照しながらまとめ，その成功の要因について述べる。そのうえで，「その成功によってトヨタがイノベーションのジレンマに陥らないか検討する」という課題について述べる。以下，順に見て行こう。
　図 2-1 は ZN で IMV の商品企画が始まって以降を表したものだが，第2章第2節で述べたとおり，その前の 1999 年 9 月に商品企画部（高梨建司氏，井上孝人氏），製品企画部（久保田知久雄 CE）で IMV のタスクフォースが設立され，商品企画と製品企画が模索される。このタスクフォースの段階で，「製品戦略」の様々な可能性が検討され，方向性が絞り込まれていく。タイの旧型

ハイラックスのプラットフォームとインドネシアのキジャンのプラットフォームを統合することや，ピックアップ，SUV，ミニバンを架装してトラック系乗用車とすること，新興国にグローバルに投入することなどの「製品イノベーション」の大枠が決定されたと見られる。

その後，2000年から2001年にかけて久保田CEが率いるZN（IMV担当のZ）でIMVのCE構想が策定された。図2-1はこれ以降の開発態勢を表したものである。久保田CEは，タスクフォースが決定した方向に沿って商品企画を具体化し，原価企画部によるコスト計算や生産技術部のエンジニアリング的要素を加味して「CE構想」を策定していった。この段階で，旧型ハイラックス，旧型キジャンからの代替顧客を念頭においた「Affordable Car」というコンセプトが確立し，グローバルベストとローカルベストの同時追求，価格帯も旧型の価格を上方にシフトすることなど，クリステンセンの言う「持続的イノベーション」の方向が決定されたとみられる。しかし，この段階では図面はまだ出来ていない。久保田CEの構想が図面に具体化されるのは，細川薫氏が着任した2002年以降である。

久保田CEと交代した細川CEは，開発実務部隊を「横串」にしながら，久保田CEの構想を一枚一枚の図面に落としていく作業を統括した。ここからが本書が詳細に分析した，IMVの開発システムとルーチンである。それらの詳細は本文に譲るが，製品企画を体現するCEが開発現場（設計，実験，原価企画の現場）のスタッフを横串にするシステム，図面の最終承認権を各部の部長ではなくCEが持つシステム，しかし各部の部長が技術方針を持ちそれに基づいて人事評価を行うシステム，そうしたシステムの下で，開発現場のスタッフがCEと部長を両睨みするルーチンが機能し，開発現場の創造性と効率性が最大限に発揮されていった。

IMVの持続的イノベーションは，LO以後も細川CE-ZB（2003年にZNからZBに名称変更）の態勢で2008年，2011年の2回のモデルチェンジを成功させ，通年で販売された2005年の53万台から倍以上に販売を伸ばし，2012年，13年には2年連続で百万台を超え，カローラと並ぶ最量販車となった。価格帯も持続的イノベーション，すなわち高付加価値化と現地経済の成長に伴うインフレーションとが相まって150～300万円から180～400万円と上方にシ

フトし，利益も確保している。この成功は，新興国の高所得層の拡大や，破壊的イノベーションに挑むコンペティターが存在しなかったという条件にも拠るが，そうした条件が整えば持続的イノベーションを成功させるCE-Zシステムの組織能力の高さにも拠っている。21世紀の最初の十数年の新興国の条件下では，トヨタのCE-Zシステムは持続的イノベーションにフィットした組織であり，それがIMVの持続的イノベーションを成功させた要因である。

　ところで，クリステンセンによれば，トラック系乗用車のように利益率の高い製品での成功は，成功した企業をローエンド型イノベーションから「逃走」させ，新市場型のイノベーションを「無視」するように仕向けられるとされる。しかし，以下の項で見る通り，トヨタはローエンド型イノベーションから「逃走」するどころか，逆にU-IMVでローエンド型の破壊的イノベーションを大成功させ，EFCやD80Nでもローエンド型のイノベーションに取り組んでいる。ローエンド型に限って言えば，トヨタは新興国ではイノベーションのジレンマに陥っていない。ただし，新しい価値を提案する新市場創造型の方向はまだ出ていない。そのことについては，以下の項で述べる。

### ＜U-IMVによるローエンド型イノベーションの成功とIMV5の破壊＞

　U-IMVに関して序章第4節で提示した課題は，その「ローエンド型の破壊的イノベーションを，戦略と組織の両面から実証的に分析すること」であり，「①U-IMVとIMV5の開発に関するトヨタの事前合理的な意図がどこにあり，②その意図に対して結果がどうであったか，③その結果に対してトヨタが事後合理的にどう対応したか」を明らかにすることであった。まず，U-IMVのローエンド型破壊的イノベーションの概要をまとめておこう。

　U-IMVを開発したトヨタとダイハツの共同開発チーム（TD合同委員会）は，2004年に投入された初代U-IMVの開発では，「キジャンの中古の値段」，すなわち100〜120万円程度をターゲットに開発を行った。また，「旧型キジャンより性能の良い新車」というコンセプトも掲げ，「たんに安いだけの車」ではなく，旧型より「性能の良い新車」として開発を進めた。

　100〜120万円の価格帯は，当時も既存市場のローエンドにあたり，利益率の低いセグメントであった。しかし，トヨタはダイハツとの共同開発で「逃

走」することなく開発を進め，旧型キジャンより「性能の良い新車」の開発に成功した。U-IMV は，主な投入先であるインドネシア市場で 4 割近いシェアを取るまで成功している。

しかし，IMV5 と U-IMV はいずれも 3 列シート 7 人乗りのミニバンであり，それが 2004 年にほぼ同時に投入されることで，ユーザーの多くが IMV5 の仕様を過剰と感じることになった。他方で，小型エンジン搭載の U-IMV の方は過剰を削ぎ落とし，ユーザーの低燃費指向とも相まって，適度な仕様と感じられた。その結果，過剰感のある IMV5 を選択する人は減少していき，過剰感を削ぎ落とした U-IMV を選択する人が増加していった。その結果，U-IMV のシェアが 4 割に達する一方で，インドネシアの乗用車市場で 2〜3 割だった TUV（第 4 世代キジャン）のシェアを，IMV5 で 1 割を切るまでに低下させた。トヨタグループのモデルどうしの間で破壊的イノベーションが起こったのである。

だが，U-IMV の成功によって IMV5 が破壊されるという結果がみえてくると，トヨタが事後合理性を発揮して，U-IMV の成功を加速させた。その結果，IMV5 の破壊も加速されることになった。U-IMV は，最初の頃はダイハツの現地法人（アストラ・ダイハツ・モーター，ADM）で全量生産され，トヨタブランドで販売する分（アバンザ）もダイハツから全量供給されていた。しかし，U-IMV の需要が大幅に伸びて ADM の生産能力を上回るまでになる一方で，IMV5 の需要は下降していき，トヨタ現地法人（TMMIN）は減産で生産能力が余るようになっていった。そこでこうした ADM の生産能力の不足と TMMIN の生産能力の過剰を同時に解決すべく，U-IMV の製造の一部が ADM から TMMIN に切り替えられた。これにより，ADM の生産能力の不足と TMMIN の生産能力の過剰が同時に解決されるとともに，U-IMV の需要の急拡大に供給が対応できるようになり，U-IMV の大成功を製造面から加速させていった。

その結果，トヨタはインドネシアの乗用車市場で 2〜3 割だった TUV（第 4 世代キジャン）のシェアを，U-IMV（トヨタ・アバンザ＋ダイハツ・セニア）だけでも 4 割，IMV5（キジャン・イノーバ）と合わせると 5 割近くまで高めることに成功した。トヨタの組織は，事前合理的な戦略が思わぬ結果を招いて

も，事後合理的な対応でそれを成功に変えるのである。以上が U-IMV のローエンド型破壊的イノベーションの概要である。次に，そのことを「① U-IMV と IMV5 の開発に関するトヨタの事前合理的な意図がどこにあり，② その意図に対して結果がどうであったか，③ その結果に対してトヨタが事後合理的にどう対応したか」という観点から整理しておこう。

以上の通り，U-IMV のイノベーションの成功は IMV5 の破壊をもたらしたが，もちろんトヨタが IMV5 の破壊を狙って U-IMV を開発した訳ではない。トヨタの狙いは，U-IMV と IMV5 のそれぞれを，両方ともターゲットとするセグメントで成功させることであった。U-IMV と IMV との競合は想定されておらず，それぞれが，それぞれのセグメントでの成功を目指して，たんたんと開発されていったのが実態である。

したがって，U-IMV による破壊的イノベーションの成功は，トヨタの事前合理的な戦略から見れば，藤本隆宏の言う「瓢箪から駒」[1997]，すなわち，予期せぬ偶然による成功と言ってよい。また，トヨタが事後合理的に U-IMV の増産を推進したことは「怪我の功名」[同前]すなわち，失敗を成功に変えたとも言えるだろう。

とはいえ，U-IMV で既存市場のローエンドに参入することはトヨタの戦略であり，インドネシア市場4割のシェアを獲得したことは戦略の成功の結果である。また，事後的合理性を発揮して，U-IMV の増産を推進した（結果的に IMV5 を破壊した）のも，事後的ではあるが，トヨタの戦略である。

だが，クリステンセンの見解が新興国でも通用するなら，既存企業は利益率の低いローエンドから「逃走」するはずであり，U-IMV の開発など行わないはずである。ましてや，自社の開発した別のモデルを破壊するイノベーションなど行うはずもない。

ところが，U-IMV の事例は，① 新興国では既存企業も利益率の低いローエンドに参入することがあること，② さらに自らが開発した車を破壊するイノベーションを推進することすらある，そのことを示している。クリステンセンの見解の新興国での妥当性が問われていると言えよう。このことは第3節の理論的インプリケーションのところで再度述べる。

### ＜LCV 開発の前適応としての EFC＞

　EFC に関して本書が設定した課題は，「EFC が LCV（Low Cost Vehicle）に向けたイノベーションにどの程度成功しているかを示し，今後の LCV 開発の前適応として持つ意味を明らかにする」ことであった。

　EFC は IMV と同じくトヨタが単独で開発したモデルであり，CE をトップとする開発推進組織 ZK で開発実務組織を横串にして開発された。ただ，インド市場向けが 100 万円程度，インドネシア市場向けは 130 万円程度となり，LCV としては成功したとは言えない。

　しかし，その開発手法の一つとして TS（Toyota Standard）の Allowance を修正して最小化するという新しい試みがなされている。これにより，グローバルスタンダードとしての TS を維持しながら Allowance の最小化によってコストダウンを実現している。これは，今後トヨタが本格的に LCV を開発する際には前適応としての意味を持つ。

　また，既存市場で高い利益率を上げているトヨタが，既存市場のローエンドから「逃走」せず，積極的に参入していることは，クリステンセンの理論の新興国での妥当性を問うていると言えよう。

### ＜低価格車政策に誘導された D80N＞

　D80N（トヨタ・アギア，ダイハツ・アイラ）に関して設定した課題は，「EFC の場合と同様に，ダイハツの LCV（Low Cost Vehicle）に向けたイノベーションがどの程度成功しているかを示し，今後の LCV 開発の前適応として持つ意味を明らかにする」ことであった。また，「政策による誘導の結果とはいえ，U-IMV の場合と同様に，ダイハツがイノベーションのジレンマに陥っていないこと」を示すことも課題であった。

　D80N は，インドネシア政府の LCGC（Low Cost Green Car，低価格環境車）政策に対応して，ダイハツの軽自動車イースをベースに開発されたモデルである。トヨタにはアギアというモデル名で OEM 供給されているが，U-IMV と異なり共同開発ではなくダイハツの単独開発であり，DS（Daihatsu Standard）で開発されている。また，ダイハツのインドネシア現地法人アストラ・ダイハツ・モーターが全量生産しており，トヨタの現地法人は生産していない。

LCGC政策はカーメーカーを税制インセンティブで低価格車に誘導する政策で，販売価格9500万ルピア（約95万円）以下の基準を充たすと奢侈品販売税10%が全額免除される。安全装備を付けると価格基準に10%上乗せできるため，アギア，アイラも量販モデルは100万円程度となっている。インセンティブが適応されているにも関わらず100万円程度の価格であり，LCVに向けたイノベーションとしては不十分であろう。ただ，日本の軽自動車をベースにDSで開発すればこのレベルまでのイノベーションは可能であることも示している。その意味で，今後のLCV開発の前適応としての意味は持つ。
　また，LCGCは2014年9月にまずトヨタ・アギア，ダイハツ・アイラが認定され，10月にホンダ・ブリオ・サティア，11月にスズキ・カリムン・ワゴンR，2014年5月にダットサン・ゴー，ゴープラスが認定されており，日系メーカーの多くが参入している。政策インセンティブでローエンドに誘導されれば，利益率の低いローエンドに参入することを示していると言えよう。

　以上，①IMVの開発と関連させて持続的イノベーションを成功させたトヨタの組織能力，②U-IMVの開発と関連させてローエンド型の破壊的イノベーションを成功させたTD合同委員会の組織能力，③EFC，D80Nと関連させてローエンド型イノベーションに取り組むトヨタとダイハツの組織能力に関して結論を述べた。21世紀の最初の十数年の新興国の条件下では，トヨタの組織能力があれば持続的イノベーションの成功を続けられる一方で，持続的イノベーションの成功で高い利益率を達成しても，トヨタはイノベーションのジレンマに陥らず，ローエンド型のイノベーションにも参入し成功させている。いずれの面でもトヨタの組織能力の高さを示しているといえよう。
　ただし，これらは既存市場でのイノベーションにとどまっており，新しい価値を創造するイノベーション，クリステンセンのいう新市場創造型のイノベーションの方向は出ていない。ただ，経営陣が新市場創造型の開発を決断すれば，その成功の条件となるような前適応は進んでいる。
　そのような状況下で2013年に新興国を担当する第2トヨタが設置された。現場の組織としては，営業の第2トヨタ企画，開発の第2トヨタ開発の設置である。この第2トヨタが，「今後のトヨタの新興国車開発にどんな意味を持つ

か」を示すことも開発に関わる本書の課題であった。

　第2トヨタはトヨタの新興国指向を内外に強く発信し、実際にも営業部門に第2トヨタ企画が設立され、営業部門から技術部門へ新興国向けの企画を提案できるようになっている。ただ、営業からの提案を受ける開発部門は第2トヨタという括りはできたものの、新興国車の開発組織であるZB（IMV担当）やZK（エティオス担当）でも、従来の業務遂行ルーチンに変更は無く、2015年にLOが予想される第2世代IMVの開発は従来通りのルーチン、従来通りのスタンダードで進むと見られている。このため、トヨタが新興国市場に対して新しい価値を提案するモデルの開発、すなわち、新興国車で新市場創造型のイノベーションを進めるには第2トヨタが設立されただけでは不十分と見られる。経営陣の新市場志向型イノベーションに向けた新たな経営判断が必要となろう。これについては、第2節でもう一度述べる。

### ＜製品イノベーションを支える製造現場のプロセスイノベーション＞

　第Ⅱ篇では、IMVの製品イノベーションを製造面から支えるプロセスイノベーションを分析した。そこでの課題は、「IMVの新興国を網羅するグローバルな分業構造を分析すること」、および「新興国拠点だけで総計100万台を超えるIMV供給能力、多車種多仕様混流生産の問題と解決のためのシステムとルーチンを分析する」ことであった。まず、前者からまとめておこう。

　初代IMVは、「開発」を本社に集中し、「製造」を現地子会社に集中する組織構造を確立させた。この組織構造は、1970年代の初代TUVの開発でインドネシアの製造子会社との間に形成され、米国、欧州での乗用車生産に横展され、1990年代のタコマ、タンドラ、セコイアの開発で北米の製造子会社との間の関係にも継承されていた。IMVはこれを新興国でアジアからアフリカ、南米まで、11カ国の製造子会社との間で文字通りグローバルに確立した。設計情報の「創造」の場と「転写」の場のグローバルな分離、「構想」の場と「実行」の場のグローバルな分離の確立である。

　この分離により、日本には製造ラインが置かれないことになり、日本のラインのシステムとルーチンを現地に移転するのではなく、最初から現地工場で製造ラインを起ち上げることになった。そのため、日本の生産技術部門が生産準

備をデジタルで行い，新興11カ国12工場に生産準備要員を大量に出張させて起ち上げが行われた。こうした生産準備ルーチンの進化によって，設計情報の「創造」の場と「転写」の場のグローバルな分離が実現している。

　製造面では，IMVの年産百万台を超える供給能力を，各工場とも一本のラインに多車種多仕様を混ぜて流す混流生産で実現されている。しかもホンダのようにロット単位ではなく，一個流しで行う（異なる車種を一台ずつ組み立てる）方式で実現している。これにより，車種別の専用ライン生産に比べて設備投資コストを，単純計算では車種数分の一まで減らすと同時に，一個流しという究極の平準化生産で，在庫のムダを極限まで減らしている。

　同時に，一個流しの混流で明瞭になる車種間の工数差が生み出す「手待ちのムダ」には，工数の多い車種用にバイパスを作ることに加えて，工数の多い車が来た時に工程内に追加人員を投入するインラインバイパスも導入して，その解消に努めている。これにより，工数の多い車と少ない車で，作業者の繁忙の程度が異なるルーチンから，繁忙の程度が平準化されたルーチンに製造現場のルーチンが変わっている。

　また，次々に異なる車が流れてくることで「取り付け漏れ」，「取り付け間違い」のリスクが高まることや，多車種多仕様に対応するため車種数分の部品棚が必要となり，ラインサイドが部品棚で占領されて敷地のスペースが厳しくなることに対しては，車両一台分ずつ部品をまとめて供給するSPSで解決が図られている。SPSの導入により，組み立てラインの作業者のルーチンは部品を「選ぶ」＋「付ける」から，すでに選ばれている台車の上の部品を「付ける」だけに単純化され，「取り付け漏れ」，「取り付け間違い」のリスクが大きく減らされている。また，ラインサイドに置かれていた部品棚の大半が無くなり，これから組み立てる車の部品が乗せられた台車だけとなり，スペースも大きく節約されている。

　こうした新たな製造システムの導入によるルーチンの進化が製品イノベーションを製造面から支えているのである。

＜新興国での部品調達を支えるプロセスイノベーション＞

　第Ⅲ篇では，IMVの製品イノベーションを調達面から支えるプロセスイノ

ベーションを分析した。そこでの課題は，第 8 章では「外注部品の設計承認」と「原価設定・改定（準レントの分配）」のルーチンを分析し，トヨタの調達ルーチンが IMV でも保持されている面を示すこと，第 9 章ではアジアにおける系列取引と深層現調化について分析し，一方の「系列調達」という面では，アジアにおいて TMC の調達ルーチンが保持されている面を示し，他方の「深層現調化」という面では Tier1 の調達ルーチンが変異している面を示すこと，第 10 章ではアジアでの系列取引と対比して，南アフリカ，南米での系列外サプライヤーとの取引を分析し，TMC 現法の調達ルーチンが変異している面，そしてそれが調達プロセスのイノベーションとなっていることを示すこと，第 11 章では TMC 現法の内示（予測）と確定のタイミングと JSP，MSP，LSP のライン側までの部品物流の流れを示すこと，南米アルゼンチンの TASA のように長距離部品輸送が必要な場合の発注タイミングと予測（内示）精度を示すことであった。

　第Ⅲ篇で本書が分析した内容の詳細は本文に譲るが，新興国を網羅するグローバルモデルである IMV では，アジアだけでなくアフリカ，南米でも CE-Z-設計部門が要求する仕様，性能を充足する部品を調達するため，① 外注部品の設計承認と原価設定・改定はグローバルに共通のシステムとルーチンで行われ，② アジアでは系列調達のシステムと「まとめてまかせる」ルーチンが移転され，Tier1 の調達を Tier2 まで掘り下げる「深層現調化」の試みが始まっている。また，③ アフリカ，南米では欧米や現地の非系列サプライヤーから調達するシステムが導入され，Z に図面が上がってくるまでに問題を吸収できる新たなルーチンが導入されている。これにより，アジアでは系列調達が現地で進化するともに，アフリカ，南米では非系列からでも調達できるシステムとルーチンが構築されている。これらの全体を通じて，トヨタの新興国でのグローバル調達のシステムが進化している。

　現地の購買部門からの発注に関しては，現地のサプライヤーからの現地調達，周辺国からの調達，日本からの調達の三つがあるが，輸送時間の長い日本からの調達に合わせて，発注タイミングが早められている。すなわち，日本のトヨタが購買する場合は N マイナス 1 月に 3 カ月分が内示されるのに対して，アジアのトヨタ現法が購買する場合は N マイナス 2 月に 4 カ月分，アフリカ，

南米のトヨタ現法が購買する場合はNマイナス3月に5カ月分が内示されている。グローバル生産のための現地適応，内示ルーチンの変異である。

　また，現地調達分の納品に関しては，物流に関する新システムであるPレーンが日本に先行して導入されている。これにより，IMVの生産量が少ない拠点でも積載効率を上げた（満載に近い）トラック輸送が可能になり，運搬のムダが減少する。また，Pレーンが稼働時間÷24に分割されるので，トヨタも1日分の在庫を持つことになっている。これは日本に比べて生産量が少ないことや，道路事情の悪さに適応した新興国における調達システムの進化である。

　以上のように，IMVプロジェクトは製造面でも調達面でもプロセスイノベーションを進め，それによって，IMVの製品イノベーションを支えたのである。

## 第2節　トヨタは新市場型でもジレンマを超えられるか？
### 〜本書の実務的インプリケーション

　以上のように，トヨタの開発組織（CE-Z-実務組織）は，IMV1，2，3，4で持続的イノベーションを成功させただけでなく，U-IMVではイノベーションのジレンマを超えてローエンド型のイノベーションも成功させた。持続的イノベーションを成功させただけでも十分な成功だが，利益率の低いセグメントから「逃走」（クリステンセン）せず，あたり前のようにU-IMVを開発し，成功させたことは画期的なことである。

　しかし，トヨタの開発組織が成功させたのは，既存市場のローエンドでのイノベーションである。新興国で次に求められるのは，21世紀に入って以降の経済成長が生み出した中間層やBOP層に向けたイノベーションである。

　新興国の自動車市場においては，新興国の所得水準に比べてローエンドの価格帯が高すぎることが，クリステンセンの言う「無消費」を生み出している。インドでは例外的に百万円を数十万円下回る価格帯に投入されたスズキ，現代，タタのモデルが高いシェアをとっているが，それ以外のほとんどの新興国

ではローエンドが百万円程度となっている。したがって，70万円程度のLCVのゾーンであれ，30万円程度のULCVのゾーンであれ，インド以外のほとんどの新興国では，そこがクリステンセンのいう「無消費」のゾーンとなっているのである。

この無消費のゾーンは，既存市場の下のゾーンであり，LCVであれば一段下，ULCVであれば二段下となる。ここで重要なことは，それらのゾーンは既存市場の下のゾーンではあるが，無消費のゾーンだということである。無消費のゾーンであるから，ユーザーはまだ車を持ったことがなく，車の車格や仕様に過剰感も不足感も持っていない。車を持ったことが無く，過剰感にせよ不足感にせよ，車に具体的な感覚を持っていない人々に，過剰な車格，過剰な仕様を削ぎ落とした車をアピールしても意味は無い。ローエンド型破壊の方法では「無消費に対抗」することは出来ないのである。

そのことを我々はタタのナノの失敗から学んでいる。タタのナノはインド市場で高いシェアを取っているスズキや現代のモデルより一段下の30万円前後のゾーンに投入された。このため，二輪から乗り換えてくるようなBOP層にも手が届く「Everyone Can Drive」という新しい価値が提供されたかに見えた。

しかし，インド市場でナノより上の価格帯（50万以上の価格帯）で成功している車には，すでに車を持っているユーザーにとって，不足感はあっても過剰感はなかった。おそらくそれ以上削るところは無いような車からさらに削り落としたのがナノである。不足感が漂っているところに，さらに不足感の強い車が投入されたのである。

さらに，これまで車を持ったことのない無消費の人々にとっては，「手が届く」以外に何の価値もアピールできない車であった。こうしてナノは，既に車を持っている人にとっても，持っていない人にとっても，「安さ」しか提案できない車として，あえなく失敗に終わった。

我々はタタのナノの失敗で，無消費には「ただ安いだけ」では対抗できないことを知った。新市場型のイノベーションがたんに安いだけの車を開発することでないとすれば，トヨタに求められる新市場型のイノベーションとは，どのようなものだろうか？

既存市場のローエンドで行うイノベーションと異なり，新市場型のイノベー

ションは新しい価値を創造することである。繰り返しになるが，「ただ安いだけ」は無消費に対抗できる新たな価値ではない。それでは「無消費に対抗」する新たな価値とはどんなものだろうか？LCV のゾーンでその事例はまだないので，iPod の事例で考えてみよう。

iPod によるカセット式携帯音楽プレイヤーに対する破壊的イノベーションは，記録媒体をカセットからフラシュメモリに変えることで数千曲の音楽を携帯可能にしたことである。iPod がアピールした「数千曲の音楽が携帯可能」という新しい価値によって，十数曲しか携帯できないカセット式携帯音楽プレイヤーは破壊されたのである。iPod はその安さによってではなく，新しい価値を提供したことによって，カセット式携帯音楽プレイヤーを破壊した。

そのような新しい価値が自動車にも創造されれば，フラッシュメモリ式プレイヤーがカセット式プレイヤーを破壊したように，これまでの価値を前提としてラインアップされた車を破壊するだろう。トヨタが LCV のゾーンで無消費に対抗する新市場型のイノベーションを目指すなら，求められるのはそうしたイノベーションである。

さしあたり，新興国向けの自動車でフラッシュメモリ式音楽プレイヤーのようなイノベーションを考えるなら，トヨタ車体が開発した鉛蓄電池式電気自動車 COMS と Google が開発中の自動運転の技術を組み合わせる方向があるかも知れない。

COMS は家庭用コンセントで充電可能で，一回のフル充電に必要なコストは 150 円程度とされる。フル充電で 50 キロ走行でき，最高時速 60 キロで，走行中の $CO_2$ 排出量ゼロである。中国の低速電気自動車も同様の方向である。いずれも，ガソリンエンジンのような内燃機関を搭載していないため，開発プロセスでの摺り合わせが少なくて済み，低コストでの開発が可能となる見込みである。現行 COMS は日本の法規対応のため 1 人乗りであるが，新興国向けに 2 人乗りで開発すれば，二輪からの新たな乗り換え先となる新市場が開拓される可能性がある。

これに Google が開発中の自動運転の技術を組み合わせれば，走行中でもスマートフォンを操作しながら運転できるようになる。この方向に進めば先進国でも新たな市場を開拓できるかも知れない。

そうした新しい価値を LCV や ULCV のコストで提供できるなら，その時に LCV や ULCV は新市場型のイノベーションとして立ち上がってくるだろう．ただ安いだけとは言え，30万円でも自動車が量産できることはタタのナノが実証している．また，トヨタも経営陣が「新しい価値を持った LCV，ULCV を開発する」という判断を下せば，その方向で活用できる経営資源をいくつも持っている．

開発面では，タイの TMAP-EM の設計能力が初代 IMV の時代を通じて向上してきているし，第2世代では権限の委譲も進んでいる．すでに，カローラ，ヴィオスの設計については TMAP-EM に Z 機能が分与されている．タイに「新しい価値を持った LCV」の開発組織 Z を置くことも可能ではないか？また，台湾の国瑞研究開発センター(KRDC)は，TMC の新興国拠点では唯一デザイン機能を持っており，そこには欧州向け3代目ヤリスと日本向けヴィッツをそれぞれ CE として開発し，ヴィッツより小型のアイゴを主査として開発した人材が駐在している．KRDC は2002年4月に設立されてから十数年が経過しており，台湾人デザイナーも十数人ほど育っている．TMAP-EM にはデザイン機能が無いので，デザインは台湾で行っても良いだろう．実務要員が不足するなら ULCV の開発で実績のあるタタの乗用車開発部門を買収してインドに実務拠点を置く手も考えられる．

製造面や調達面でも，さまざまなプロセスイノベーションが進んでいる．LCV や ULCV に求められる「新しい価値」を創造できれば，それを形にする条件は整って来ているのではないか？残されているのは，「新しい価値を持った LCV，または ULCV」の開発を経営人が判断することである．経営陣の判断が問われていると言えよう．

## 第3節　クリステンセンの理論は新興国でも妥当か？
　　　～本書の理論的インプリケーション～

<IMV の持続的イノベーションの成功とナノの「無消費との対抗」の失敗>
本書で見てきたとおり，IMV が販売台数でも利益でも大成功を収めたこと

は，新興国でもアッパーセグメントの専用車を持続的イノベーションで開発していけば，大きな成功を収めることを示している。新興国では21世紀に入って以降の経済成長を反映して高所得層向けの価格帯がボリュームゾーンとして拡大してきており，そこをターゲットに，新興国の自然環境や使用常識に愚直に対応するイノベーションを進めていけば，価格を上方にシフトさせて利益を拡大していくことができるのである。

逆に，30万円のULCV，タタのナノや，70万円のLCV，奇瑞のQQや吉利のパンダが目論んだ新市場型の破壊的イノベーションは失敗に終わっている。21世紀に入って新興国の一人当たりGDPは急速に上昇しているが，30万円や70万円という価格水準では「無消費に対抗」できていない。

＜新興国では所得水準の向上が続く限り，持続的イノベーションの成功も続く＞

21世紀の最初の十数年の時点の自動車市場に関しては，新興国のボリュームゾーンはプラハラードの言うBOPのセグメントではまだ登場しておらず，中間層でも市場拡大は緩慢だが，IMVが投入された高所得層のセグメントでは急速に拡大した。そのセグメントは既に車を買える層であり，既存市場である。だからこそ，IMVの既存市場での持続的イノベーションが成功したのである。

こうした持続的イノベーションの成功は，今後も当分の間は，続くと見られる。これは，新興国の所得水準の向上が今後とも続くと見込まれ，高所得層の所得水準が上昇していくとともに，新たに高所得層に流入してくる人々の数も増大していくと予想されるためである。新興国のボリュームゾーンは，所得水準の上昇が続く限り，その一つが高所得層向けのセグメントであることは間違いなく，そこでの持続的イノベーションの成功は今後も続いていくだろう。

＜新興国でも既存企業はイノベーションのジレンマに陥るのか？＞

新興国には，タイのエコカーやインドネシアのLCGCのように，カーメーカーを既存市場のローエンドに誘導する政策がある。このような，メーカーを既存市場のローエンドに誘導する政策は，所得水準の低い新興国ならではのも

のである。こうした政策には，新興国で高い利益をあげているトヨタやホンダのような既存企業も対応しており，「逃走」していない。

しかし，現地政府の政策に誘導されなくても，カーメーカーは独自に新興国向け低価格車を開発している。インドネシアではU-IMV（トヨタ・アバンザ／ダイハツ・セニア）がLCGCと同じ水準（初代は百万円〜）で開発され，破壊的イノベーションに成功している。開発したのは既存市場で大きな利益を上げてきたトヨタとダイハツ（共同開発）である。この場合も，「逃走」していない。

トヨタは，インド市場向けに低価格車EFC（エティオス）を開発（こちらは単独開発）し，インドネシア市場にも投入している。

他方で，新興国の経済成長の成果は，低所得層や中間層よりも，高所得層の方に先行して現れ，持続的イノベーションを成功に導いている。

その代表がトヨタのIMVである。2004年に投入された初代の価格帯は150〜300万円，2008年と2011年のマイナーチェンジを経て，持続的イノベーションによる高付加価値化と現地経済の発展に伴うインフレーションとが相まって，現行モデルは180〜400万円と新興国では高所得層向けである。それでも，マイナーチェンジによる高付加価値化〜持続的イノベーション〜が成功し，2005年の53万台から2012年には100万台を超えて110万台に達し，2013年も100万台を超えた。

経済成長による高所得層の所得増，中間層から高所得層への流入が続く限り，持続的イノベーションの成功が続くと見られる。

新興国ではラグジャリークラスもボリュームゾーンの一つなのであり，当面は破壊されることは無いだろう。

以上のように，LCGC，U-IMV，EFCでは，利益率が高く収益性の良いモデルをラインナップしているトヨタ，ダイハツ，ホンダなどは既存市場のローエンド向けの開発も行っており，利益率の低いゾーンから「逃走」していない。

また，IMVのような高所得層向けの価格帯でも持続的イノベーションの成功が続いている。

すなわち，新興国の自動車産業では，既存企業がイノベーションのジレンマ

に陥っていないのである。

　だとすると，クリステンセンの理論は，新興国では修正が必要ではないだろうか？

## 第4節　残された課題

　本書は，IMVが投入された2004年から細川CEが退任する2011年までを中心に，投入前については細川氏がU-IMVのCEに就任した2001年頃から，細川CEの退任後は筆者が最後にIMV製造工場（TMMIN）を見学した2014年9月までの時期を分析している。この分析は，IMVの開発，製造，調達の各組織のシステムやルーチンを静態的，構造的に分析するとともに，2004年の投入に向けて進められた製品イノベーションとプロセスイノベーション，2008年と2011年のマイナーチェンジに向けた同様のイノベーションを時系列で動態的，発生史的にも分析している。

　しかし，動態的，発生史的な分析に関しては，もう少し遡って，IMVの先代であるTUVの時代を念頭におき，それと比べてIMVについて論じている部分もある。そこまで遡った分析は本書では僅かであるが，そこを本格的に分析することも，今後の課題としては重要と考えている。そこでまず，IMVより前に遡る発生史的分析のイメージを述べておこう。

　TUVはトヨタがトヨタ自動車工業（自工）とトヨタ自動車販売（自販）に分かれていた時代に，トヨタの製品企画・開発部門と海外生産技術部門（海生）が共同で開発したモデルである。海生は，その組織が廃止されて既に無くなっているため詳細は不明だが，現在の新興国車の開発組織のシステムやルーチンを発生論的に語るなら，そのルーツとなる組織の一つである。

　また，1990年代に入ってWTOが設立されるまで，新興国は国産化のために完成車の輸入を禁止することが可能であったため，日本からCKDを輸出して現地生産する方式が定着していた。このCKD部品の輸出は，当初は完成車1台分の部品を現地法人へ販売する形であったため，自販の方が担当していた。その結果，多くが1970年代に設立された新興国の現地法人では，自販の

出身者がトップを務めることになった。製販が分離していた時代の自販は営業部隊であり、自工よりもユーザーに近い位置にいる部隊であった。その自販の出身者が現地法人のトップであったことが、おそらく世界の自動車メーカーでただ一つ新興国専用車を1970年代から開発することにつながったと見られる。このとおりであれば、自販が、海生と並ぶ新興国車の開発組織のもう一つのルーツということになる。

製造組織については、自工の出身者が日本のシステムやルーチンを移転していったと見られるが、現地アダプテーションには相当の苦労があったと考えられる。現地の製造組織のルーツは自工の駐在員が持ち込んだものであり、ルーツはそこにあるだろう。購買組織についても同様と考えられる。

以上のように、IMVの開発や製造のシステムやルーチンのルーツは1970年代に求めることができる。IMVを発生論的に論じるならば、この時期の自販や海生のシステムとルーチン、および、自工の駐在員が持ち込んだシステムやルーチンの分析から始めることになるだろう。

その場合、次のように時期を区切って分析を進めたいと考えている。2015年に投入が予想される新型IMVの車形がどうなるかは本書執筆時点では不明だが、仮に現行IMVと同じだとすると、ミニバンタイプはTUVの世代で数えることができる。それで数えると、新型IMVは1977年に投入された第1世代から数えて6世代目であり、これを世代ごとに区切って分析できる。

また、ピックアップについてはハイラックスの世代を、SUVについては南米のバンデランテ、タイのスポーツライダーの世代で数えられるので、これも世代ごとに区切って分析したい。

このようにして、ピックアップ、SUV、ミニバンのそれぞれを、第1世代から順に自販や海生、および、自工の駐在員の活動と関連させて、世代ごとに分析していきたい。以上が残された課題のうち、過去の発生史をたどる部分のイメージである。

他方で、2015年に現行IMVがフルモデルチェンジされれば、現行IMVから次世代IMVへの進化の分析も次の課題となるだろう。次世代IMVの開発、製造、調達の各組織のシステムとルーチンを一方で静態的、構造的に分析するとともに、現行IMVの各組織のシステムとルーチンと比べて、動態的、進化

論的に分析していきたい。現行IMVから次世代IMVへの未来への発生史の分析である。

　以上は，現行IMVから過去に遡ったり，未来に進んで行ったりする歴史的な分析であるが，これとは別に，他社の新興国車の動向を本格的に分析する必要も感じている。日本勢では三菱のトライトンTritonが2005年に投入され，世界戦略車としてグローバルに販売されている。車形はシングルキャブとダブルキャブのピックアップであり，IMV1と3のコンペティターである。いすゞD-MAXは2002年に投入されたGMとの共同開発モデルで，シボレー・コロラドChevrolet Coloradoとプラットフォームを共有する世界戦略車である。車系は三菱トライトンと同様，シングルキャブとダブルキャブのピックアップであり，IMV1と3のコンペティターである。またD-MAXとプラットフォームを共有するミニバンMU-7も投入されており，IMV5のコンペティターとなっている。

　欧州勢では，VWがIMV1，3と同様の車形，同様の価格帯でアマロックを開発し，南米を中心に投入している。アマロックは欧州勢ではIMVの唯一のコンペティターである。米国にはIMVと同様の車形でフルサイズのピックアップ，SUV，ミニバンがあるが，車格が大幅に大きく，IMVとは競合していない。以上のIMVと競合するコンペティターの分析も今後の課題である。

　これとは別に新興国の既存市場のローエンドに投入されているタイのエコカー（インセンティブ有，日系5社：トヨタ，ホンダ，日産，三菱，スズキが参入），インドネシアのLCGC（インセンティブ有，日系5社：トヨタ，ダイハツ，ホンダ，ダットサン，スズキが参入），インドではローエンド（他国ではLCV）の小型ハッチバック（スズキ，現代，タタなど），インドのローエンドの下で無消費に対抗しようとしたタタのナノなどを本格的に分析したい。

　また，ルノーが試みた別ブランド（ハンガリーのダチア）でのLCV参入や，日産が始めたダットサンブランドでの既存市場のローエンドへの参入も分析すべき課題である。

　以上について，製品イノベーションと，それを支えるプロセスイノベーションの両面から分析していきたい。

## おわりに

　本書は，細川薫チーフエンジニア（U-IMV：2001年2月～12月，IMV：2002年1月～5月は主査，6月にCE～2011年8月）をはじめ世界12カ国13工場のトヨタの皆さん，部品メーカーの皆さんなど，全体で85社，269人の皆さんの取材協力で得た事実を筆者が再構成したものである。まず，細川薫氏には3回のインタビューを通じて，トヨタの開発プロセス，開発組織の骨格を教えて頂き，その後の関係者への取材の方向性を明確にして頂いた[74]。本書は，細川薫氏ご自身の役割を分析対象としているため，叙述の客観性を疑われることがないよう，必要以上の謝辞は省略するが，最もお世話になったのが細川薫氏であることは間違いない。そのことをここに記して御礼としたい。

　また，駐在員，現地スタッフの皆さんには，御多忙中にもかかわらず，快く取材（インタビューと工場見学）に応じて頂いた。取材は，各社平均して2時間であったが，終日対応して下さった方もおられ，昼食や夕食を御一緒して下さった方々もおられる。食事の席はたいてい取材の延長になっており，そこで重要な示唆を得ることも少なくなかった。取材させて頂いた方々の多くが，細川薫ZBチームのコンセプトを自分の「思い」として心に刻んでおられ，その思いを込めて回答を頂いた。本書のディティールの詳細さは，これらの取材協力の結果である。取材させて頂いた皆さんの多くがトヨタや部品メーカーの現役社員であり，お名前と肩書を公表することは差し控えさせて頂いたが，心より御礼申し上げる。

　細川薫氏へのインタビューや現地調査では，山本肇氏（バンコク在住のコンサルタント，現在は野村総合研究所バンコク事務所）にお世話になった。細川薫氏へのインタビューは1回目（2005/6/13 & 14）も2回目（2011/11/21）

---

[74] 1回目（2005年6月13日 & 14日）初代IMVのLO後，2回目（2011年11月21日）CE退任後，3回目（2013年11月26日）住友ゴム工業株式会社出向時。また，2012年から2014年にかけて実施した2回目の世界12カ国13工場調査では現地駐在員の皆さんを紹介して頂いた。

も山本氏にアレンジして頂いた。山本氏がいなかったら細川薫氏との出会いもなかっただろうから，山本氏は私のIMV研究の「生みの親」と言って良い。現地調査も，タイ，インドネシアについては山本氏にアレンジして頂き，一緒に回った所も少なくない。また，IMVに関する本書の問題意識の多くを共有しており，共著出版に向けて2人で構想を検討したこともある。この意味では，山本氏は本書の「育ての親」でもある。こうした多大の御協力に深く感謝申し上げたい。

本書の分析に関しては，藤本隆宏先生（東京大学），新宅純二郎先生（東京大学），糸久正人先生（法政大学）をはじめ，グローバル自動車産業研究会の皆さんにお世話になった。特に，藤本先生には，本書を篇ごとに分けて，すなわち，第Ⅰ篇「開発」（発表一覧②），第Ⅱ篇「製造」（③），第Ⅲ篇「調達」（④）に分けて，本書の全体を一通り聞いて頂いた。聞いて頂いたスライド枚数は400枚近くに及ぶ。さらに，「開発」の部分については別の機会（①）にも聞いて頂いている。本書の全体の内容をすべて聞いて頂いたことも有難い限りだが，その都度，示唆に富んだ貴重なコメントを頂いた。出版社を紹介して頂いたのも藤本先生である。また，新宅純二郎先生には，第Ⅰ篇「開発」（②），第Ⅱ篇「製造」（③）について聞いて頂いたあと，第Ⅲ篇「調達」（④）の研究会は事情により欠席となったため，別に研究会を開いて頂き（⑤），全体を一通り聞いて頂いた。どの発表でも貴重なコメントを頂いている。また，これとは別に発注タイミングに関する質問を頂き，これが第11章を執筆するきっかけとなっている。以上のように何度も発表の機会を与えて頂いたことや，出版社の御紹介をはじめとする御助力を頂いたことに深く感謝申し上げる。

塩地洋先生（京都大学）には本書の草稿段階で発表の機会（発表一覧⑦）を与えて頂いた。そのシンポジウムのテーマが「新興国で二輪から四輪への乗り換えは起こるか」だったことで，本書の中心的な論点の一つ，「新興国車のイノベーションの成功の方向は，IMV型の持続的イノベーションなのか，タタ・ナノ型の新市場型破壊的イノベーションなのか」，を明瞭に出来たと思う。菊谷達弥先生（京都大学）には主に「調達」部分について目を通して頂き，浅沼理論をゲーム理論で発展させた見地からコメントを頂いた。田中彰先生（京

都大学）には本書の構想模索の最後の時期に報告を聞いて頂き（⑩），組織進化という方法でまとめる方向を明確に出来た。

　清晌一郎先生（関東学院大学）には，本書の構想を模索し始めた時期に発表の機会を与えて頂いた（発表一覧 ⑥）。本書の原稿は最初から最後まで全篇を書き下ろしたものであり，それまで論文の形でも発表の形でも，外部に発表したことは無かった。この発表が私の研究が人々の目に触れた最初の機会である。また，本書の調査の一部は，清先生が中心になって申請された JSPS 科研費 23252009 の分担者として助成を受けており，研究資金の面でもお世話になっている。

　清先生は自動車サプライヤー研究の第 1 人者であり，カーメーカーと部品サプライヤーの取引関係を「あいまい発注」という言葉で把握された［1990］。その功績は，浅沼萬里先生（京都大学，故人）の「貸与図」，「承認図」の区別と並ぶ画期的なものである。本書の第 8 章第 2 節は浅沼先生とともに清先生にも依拠してまとめられている。また，清先生が主宰するサプライヤー研究会の皆さんにもお世話になった。その多くのメンバーに第Ⅲ篇「調達」の部分の報告を聞いて頂きコメントを頂いている（④）。特に，西岡正先生（兵庫県立大学）にはサブタイトルについて相談に乗ってもらい，最終段階の原稿に目を通して頂き，コメントも頂いた。また，研究会メンバーの 1 人である北原敬之氏（デンソー経営企画部）には，カーメーカーがサプライヤーの生産性上昇分のどれだけを受け取り，どれだけをサプライヤーに残すかについて，現場の経験に基づくお話を様々な機会に聞かせて頂いた。

　上野俊樹先生（立命館大学，故人）には，ものの見方，考えかた，すなわち対象を分析する方法について多くを教えて頂いた。上野先生は 1999 年に 56 歳の若さで亡くなられており，私が IMV の研究をしていることを御存知なかったのはもちろん，自動車研究の方向に進んだことも御存知なかった。したがって，自動車研究や IMV 研究に関して私が先生から教えてもらったことは何一つ無いと言って良い。しかし，先生から学んだ分析方法は本書の中に深く浸透している。

　上野先生から学んだことは，ヘーゲルの論理学をベースにした，普遍的ではあるが極めて抽象度の高い「分析の方法」である。「すべての主張は根拠であ

る」(根拠の無い主張はない,対立している議論のいずれにも根拠がある),「矛盾はお互いに依存しあっているものが対立している状態である」(一方的な対立ではなく,お互いが相手なしには成り立たないのに対立している状態)という見方は,私が「カーメーカーの経営陣と現場の労働者との関係」や,「カーメーカーとサプライヤーとの関係」を分析する際に常に意識していたことである。また,「偶然と必然の間に可能性が豊富化する領域がある」(たんなる「偶然」とたんなる「必然」の中間領域,別の言葉で言えば藤本先生の「瓢箪から駒」,「怪我の功名」の領域がある)は,私が「組織の進化」を語る際に常に意識していたことである。日頃の研究の心構えとしては,「方法は対象の魂である」(理論研究と実証研究は表裏一体でなければならない)が私の座右の銘となっている[75]。

この他,福田隆二先生(東京大学)には自動車産業研究フォーラム(於ものづくり改善ネットワーク,⑧),田口直樹先生(大阪市立大学)にはアジア金型産業フォーラム(於大阪市立大学文化交流センター,⑨),上瀧真生先生(流通科学大学)には現代社会研究会(於アーブ滋賀,⑩)で,それぞれ発表の機会を与えて頂いた。また,杉田宗聴先生(阪南大学),上田修三氏(川崎製鉄[現 JFE スチール]OB),小野真氏(島津製作所航空機事業部)には最終段階の原稿に目を通して頂きコメントを頂いた。西原誠司先生(鹿児島国際大学)には「分析の方法」について大学院生の頃から今日まで多くの示唆を得ている。これらの皆さんにも深く感謝申し上げたい。

VWとトヨタの比較に関しては,朝日吉太郎先生(鹿児島県立短期大学)を代表として申請したJSPS科研費23402035の分担者としてドイツ現地調査の助成を受け,VW ヴォルフスブルク工場を4回,ドレスデン工場を1回調査できた。これらの調査により,VWや欧州メーカーのイメージを形成することができた。朝日先生は職場の同僚でもあり,日常的な話し相手になってもらっている。

中田徹氏(株式会社フォーイン・アジア調査部長),安藤久史氏(株式会社

---

[75] ただし,上野先生は分析方法に関する著作をまとめる前に亡くなられたため,私が学んだことの多くは活字になっていない。だが,上野先生が私に語ったことの多くは見田石介[1979][1980a][1980b]の中にその萌芽を見い出すことができる。それを上野先生が語った言葉で展開して世に出すことも私に残された仕事と考えている。

フォーイン）には，参考資料として IMV の写真が必要となった際に，現地での撮影を引き受けて頂いた。御協力に感謝申し上げる。

　以上，本書の作成に向けて御協力を頂いた主な方々を御紹介させて頂いた。その他にもお世話になった研究者，現場の方々は多いのだが，全員に謝辞を述べたつもりで漏れがあっては失礼と考え，あえて以上の方々に絞らせて頂いた。お名前をあげなかった方々の御協力，御助力もその一つ一つが本書にとって不可欠のものであり，それらのどの一つが欠けても本書をまとめることはできなかった。本書はこうした人間関係が作り上げたものである。本書の取材と分析に御協力，御助力頂いたすべての皆さんに感謝申し上げる。

　研究環境という面では，私が大学院博士 2 年終了時に採用して頂いた鹿児島県立短期大学に今日まで 26 年間，お世話になって来た。多くの大学が法人化していく中，全国でも数えるほどとなった公立大学で，雑事に振り回されることなく，思う存分，研究を続けることができた。インドネシアへの海外留学や，広島大学での国内留学の機会も与えて頂いた。勤務先の皆さんにも深く感謝申し上げたい。

　本書の原稿作成にあたっては，勤務校の卒業生，学生にお世話にもなった。本書の調査の段階では，入手した膨大な資料，取材メモの整理が必要となったが，これについては，牧之内綾さんと池田稚菜さんにそのほとんどを処理してもらった。本書の図表は，私の指示のもとにこの 2 人が作成したものである。また，本書の手書きイラストは池田さんと井手萌乃さんに作成して頂いた。さらに，牧之内さんには本書の全篇に何度も目を通してもらい，初学者には分かりにくい表現を指摘してもらった。インドネシア国立パジャジャラン大学に留学中の寺前舞和さんには，参考資料として U-IMV と IMV5 の写真を撮影してもらった。この 4 人にも感謝している。

　原稿完成から出版までは文眞堂の前野隆さん，前野弘太さんにお世話になった。本書が出版に漕ぎ着けられたのも一重にお 2 人のお陰である。

　次に，私の家族についても述べておきたい。私の妻，久木田美枝子[76] は勤務先の同僚でもあり，チョムスキー言語学の専門家である。しかし，私は夏休み

や春休みに数週間，時には1カ月以上に渡る海外調査を繰り返し，海外留学や国内留学で長期にわたって不在となることもあった。その間，1人娘の子育てと家事はすべて妻の負担となった。妻はマサチューセッツ工科大学でチョムスキーの教えを受けた言語学者であり，もっと研究をしたかっただろうと思う。しかし，そのことを私に感じさせることはあまりなく，いつも笑顔で私を送り出してくれた。また，娘の菜摘も父親不在で寂しかった時が多かっただろう。東京の大学に進学し，そのまま東京で働いているが，明るい性格に育ってくれて良かったと思う。妻，美枝子と娘，菜摘にも私の自由な研究環境を提供してもらったことに感謝している。

　最後に父母について触れておく。私の両親である野村福雄と房は，私の大学院進学に反対であった。私の学者としての才能を懸念してのことである。今思えば当然の心配であるが，まだ若かった私は家を出て進学する道を選んだ。私が学部4年生の冬，雪が深々と降る寒い日の朝である。ステテコ姿で玄関から出て私を止めようとする父を振り払って家を出た日のことを昨日のことのように思い出す。あれから30年以上が経ち，父も母も既にこの世にいない。この本は，できれば父母に見てもらいたかった。私の親不孝の償いに，本書を父，福雄と，母，房に捧げる。

　　　バンドン，ウスマン・ハルディ教授（UNPAD），ティン夫妻の御自宅にて
　　　　　　　　　　　　　　　　　　　　　　　　　　2014年9月14日
　　　　　　　　　　　　　　　　　　　　　　　　　　　　野村俊郎

---

76　戸籍名ではなく，職場や学会での呼称である久木田を用いたのは，仕事を持ちながら私に協力してくれたことを示すためである。

# 研究発表一覧

- 序章＆第Ⅰ篇（開発）
  ①2014年3月4日サプライヤー・システム研究会（於関東学院横浜関内メディアセンター）
  ②同前4月19日グローバル自動車産業研究会（於東京大学MMRC）
- 第Ⅱ篇（製造）
  ③同前6月28日グローバル自動車産業研究会（於東京大学MMRC）
- 第Ⅲ篇（調達）
  ④同前7月19日サプライヤー・システム研究会（於東京大学MMRC）
  ⑤同前10月3日多国籍企業研究会（於東京大学MMRC）
- 構想模索期
  ⑥2012年3月7日サプライヤー・システム研究会（於関東学院横浜関内メディアセンター）
  ⑦同前11月3日アジア自動車産業シンポジウム（於京都大学百周年記念ホール）
  ⑧2013年6月24日自動車産業研究フォーラム（於ものづくり改善ネットワーク）
  ⑨同前7月22日アジア金型産業フォーラム（於大阪市立大学文化交流センター）
  ⑩同前9月29日現代社会研究会（於アーブ滋賀）

# 参考文献

トヨタ自動車ウェブサイト内「2012/04/06 IMV販売累計500万台達成」
http://www.toyota.co.jp/jpn/news/video_news/conference/index.html#Apr-06-2012 (2014年4月13日アクセス)

**Aoki, Masahiko** [1980] "A Model of the Firm as a Stockholder-Employee Cooperative Game," *American Economic Review*, Vol.70, 1980, pp.600-610.

**Asanuma, B.** [1989] "Manufacturer-Supplier Relationship in Japan and the Concept of Relation-Specific Capital," *Journal of the Japanese and International Economies*, vol.3, pp.1-30 [邦訳1990]「日本におけるメーカーとサプライヤーとの関係―関係特殊的技能の概念の抽出と定式化―」『経済論叢』第145巻第1・2号.

**Chomsky, N., etc.** [2010] "Some Simple Evo Devo Thesis: How True Might They Be for Language," *The Evolution of Language: Biolinguistic Perspectives*, 45-62, Cambridge University Press, Cambridge.

**Clark, K. B. and Fujimoto, T.** [1990] *The Power of Product Integrity*, Harvard Business Review, November-December.

**Clark, K. B. and Fujimoto, T.** [1991] *Product Development Performance* Harvard Business School Press. [邦訳1993]『[実証研究] 製品開発力―日米欧自動車メーカー20社の詳細調査―』田村明比古訳、ダイヤモンド社.

**Doeringer, Peter and Michael Piore** [1971] *Internal Labor Market and Manpower Analysis*, D. C. Heath and Co., [邦訳2007]『内部労働市場とマンパワー分析』白木三秀監訳、早稲田大学出版部.

**Klein, Benjamin, Robert Crawford and Armen Alchian** [1978] "Vertical Integration, Appropriable Quasi-Rents,and the Competitive Process," *Journal of Law and Economics*, Vol.21, 1978, pp.297-326.

**Marx, Karl** [1962〜64], Herausgegeben von Friedrich Engels, Werke, Band 23〜25, *Das Kapital. Kritik der politischen Ökonomie*. Institut für Marxismus-Leninismus beim ZK der SED, Dietz Verlag, Berlin. [邦訳1968]『マルクス=エンゲルス全集』第23巻〜第25巻、『資本論・経済学批判』大内兵衛・細川嘉六監訳、大月書店.

アッターバック, J. M. [邦訳1998]『イノベーションダイナミクス―事例から学ぶ技術戦略―』有斐閣

クリステンセン, C. M. [邦訳2001]『イノベーションのジレンマ―技術革新が巨大企業を滅ぼすとき―』翔泳社

クリステンセン, C. M. [邦訳2003]『イノベーションの解―利益ある成長に向けて―』同前

クリステンセン, C. M. [邦訳2008]『イノベーションの解 実践編―イノベーターの確たる成長に向けて―』同前

ケイン岩谷ゆかり [邦訳2014]『沈みゆく帝国―スティーブ・ジョブズ亡きあと、アップルは偉大な

企業でいられるのか―』井口耕二訳，日経 BP 社
チャン・キム，W.，レネ・モボルニュ［邦訳 2013］『ブルー・オーシャン戦略』ダイヤモンド社
ピンカー，S.［邦訳 2004］『人間の本性を考える―心は「空白の石版」か―』（上，中，下）日本放送出版協会出版会
プラハラード，C. K.［邦訳 2010］『ネクスト・マーケット―「貧困層」を「顧客」に変える次世代ビジネス戦略―［増補改訂版］』英治出版
浅沼萬里［1987］「関係レントとその分配交渉」京都大学『経済論叢』139 巻第 1 号，39-60 頁
浅沼萬里［1990］「日本におけるメーカーとサプライヤーとの関係―関係特殊的技能の概念の抽出と定式化―」『経済論叢』第 145 巻第 1・2 号，Asanuma, B.［1989］の邦訳
浅沼萬里［1994］「日本企業のコーポレート・ガバナンス―雇用関係と企業間取引関係を中心に―」『金融研究』第 13 巻第 3 号，日本銀行金融研究所
浅沼萬里（菊谷達弥編）［1997］『日本の企業組織・革新的適応のメカニズム―長期取引関係の構造と機能―』東洋経済新報社
安達瑛二［2014］『ドキュメント・トヨタの製品開発―トヨタ主査制度の戦略，開発，制覇の記録―』白桃書房
網倉久永・新宅純二郎［2011］『経営戦略入門』日本経済新聞出版社
池内正幸［2010］『ひとのことばの起源と進化』開拓社
石井真一［2013］『国際協働のマネジメント―欧米におけるトヨタの製品開発―』校倉書房
伊藤賢次［2007］「トヨタの IMV（多目的世界戦略車）の現状と意義」『名城論叢』第 7 巻第 4 号
岩倉信弥・長沢伸也・岩谷昌樹［2001a］「ホンダの製品開発―企業内プロデューサーシップの資質―」『立命館経営学』第 39 巻第 6 号
岩倉信弥・長沢伸也・岩谷昌樹［2001b］「ホンダのデザイン戦略―シビック，2 代目プレリュード，オデッセイを中心に―」『立命館経営学』第 40 巻第 1 号
岩倉信弥・長沢伸也・岩谷昌樹［2001c］「ホンダのデザイン・マネジメント―経営資源としてのデザイン・マインド―」『立命館経営学』第 40 巻第 2 号
上野俊樹［1978］「現実性」鰺坂真・有尾善繁・鈴木茂編『ヘーゲル論理学入門』第 6 章，有斐閣
上野俊樹［1990］「すべての主張は根拠である」『日本の科学者』1990 年 2 月号（『上野俊樹著作集』第 2 巻，2001 年，文理閣）
岡ノ谷一夫［2007］「小鳥の歌と四つの質問」日本動物学会監修『行動とコミュニケーション』第 5 章，培風館
岡ノ谷一夫［2010］『さえずり言語起源論』岩波書店
岡本博公［1995］『現代企業の生・販統合』新評論
小川紘一［2014］『オープン＆クローズ戦略―日本企業再興の条件―』翔泳社
加藤哲郎・R. スティーブン編［1993］『日本的経営はポスト・フォーディズムか』南窓社
貴志奈央子・藤本隆宏［2009］「製品アーキテクチャと調整能力の適合性・表層／深層の競争力・収益力」『MMRC ディスカッションペーパーシリーズ』No.251
久木田美枝子・上瀧真生［2013］「人間本性論再考―スティーブン・ピンカーの所説を手がかりに―」鹿児島県立短期大学・地域研究所『研究年報』第 45 号
小池和男［1977］『職場の労働組合と参加―労使関係の日米比較―』東洋経済新報社
小池和男［1991］『仕事の経済学』，［1999］第 2 版，［2005］第 3 版，東洋経済新報社
小池和男［2009］『日本産業社会の「神話」―経済自虐史観をただす』日本経済新聞出版社
小池和男［2012］『高品質日本の起源』日本経済新聞出版社
小池和男［2013］『強い現場の誕生』日本経済新聞出版社
佐武弘章［1998］『トヨタ生産方式の生成・発展・変容』東洋経済新報社

塩地洋［1986a］「トヨタ自工の工場展開―1960年代トヨタの多銘柄多仕様量産機構(1)―」京都大学『経済論叢』第137巻6号
塩地洋［1986b］「トヨタ自工における委託生産の展開―1960年代トヨタの多銘柄多仕様量産機構(2)―」京都大学『経済論叢』第138巻5・6号
塩地洋［1987］「系列部品メーカーの生産・資本連関―トヨタ自動車のケース―」坂本和一，下谷政弘編『現代日本の企業グループ―「親・子関係型」結合の分析―』東洋経済新報社
塩地洋［1988］「ワイドセレクション化実現機構の形成―1960年代トヨタの多銘柄多仕様量産機構(3)・完―」京都大学『経済論叢』第141巻1号
塩地洋［1994］「トヨタ・システム形成過程の諸特質」京都大学『経済論叢』第154巻6号
塩地洋・Timothy Dean Keeley［1994］『自動車ディーラーの日米比較―「系列」を視座として―』九州大学出版会
塩地洋［2002］『自動車流通の国際比較―フランチャイズ・システムの再革新をめざして―』京都大学経済学叢書，有斐閣
塩地洋［2010］「新興国における微型車および小型車セグメントの国際比較―日本自動車メーカーのマーケティング戦略を考える―」産業学会自動車産業研究会東部地区10年度第2回研究会での報告
塩地洋［2012］「自動車市場拡大の論理を読み解く―セグメント構成の変化に着目しながら―」アジア自動車シンポジウム「インドネシアは自動車大国になれるか―オートバイユーザーが自動車購入者に転換するプロセスを探る―」での報告
清水一史［2010］「ASEAN域内経済協力と生産ネットワーク―ASEAN自動車部品補完とIMVプロジェクトを中心に―」JETRO海外調査部『世界経済危機後のアジア生産ネットワーク―東アジア新興市場開拓に向けて―』
杉田宗聴［2010］「トヨタ・ネットワークにおける需要変動対応能力」山崎修嗣編『中国・日本の自動車産業サプライヤー・システム』第8章，法律文化社
椙山泰生［2009a］『グローバル戦略の進化』有斐閣
椙山泰生［2009b］「日本企業に密着した論理の構築へ」―『グローバル戦略の進化』を刊行して―」『書斎の窓』2009年9月号，No.587，37-41頁
清晌一郎［1990］「曖昧な発注，無限の要求による品質・技術水準の向上―自動車産業における日本的取引関係の構造原理分析序論―」中央大学経済研究所編『自動車産業の国際化と生産システム』中央大学出版部
清晌一郎編著［2011］『自動車産業における生産・開発の現地化』社会評論社
田口直樹［2011］『産業技術競争力と金型産業』ミネルヴァ書房
武石彰・藤本隆宏［2010］「進化する『すり合わせ能力』と戦略提携が導いた復活―自動車業界」青島矢一・武石彰・マイケル・A・クスマノ編『メイドイン・ジャパンは終わるのか「奇跡」と「終焉」の先にあるもの』東洋経済新報社，228-259頁
田村豊［2011］「海外進出の生産マネジメントへのインパクト」清晌一郎編著［2011］『自動車産業における生産・開発の現地化』第3章，社会評論社
富野貴弘［2012］『生産システムの市場適応力』同文舘出版
長沢伸也・木野龍太郎［2001］「自動車企業におけるプロダクト・マネージャーの役割と知識に関する実証研究―日産自動車の事例―」『立命館経営学』第40巻第3号
長沢伸也・木野龍太郎［2003］「日産自動車の新たな製品開発体制に関する実証研究―同社の新たな企業戦略との関連から―」『立命館経営学』第41巻第6号
長沢伸也・木野龍太郎［2004］『日産らしさ，ホンダらしさ―製品開発を担うプロジェクト・マネージャーたち―』同友館

参考文献

中西孝樹 [2013]『トヨタ対 VW（フォルクスワーゲン）—2020 年の覇者をめざす最強企業—』日本経済新聞出版社

根本敏則 [2010]『自動車部品調達システムの中国・ASEAN 展開—トヨタのグローバル・ロジスティクス—』中央経済社

野原光 [2006]『現代の分業と標準化』高菅出版

延岡健太郎 [1996]『マルチプロジェクト戦略』有斐閣

延岡健太郎・藤本隆宏 [2004]「製品開発の組織能力：日本自動車企業の国際競争力」RIETI（独立行政法人経済産業研究所）『RIETI Discussion Paper Series』04-J-039

野村俊郎 [2003]「インドネシア自動車産業の開放過程」鹿児島県立短期大学『商経論叢』第 53 号

野村俊郎 [2007]「アルゼンチンの自動車産業と IMV」鹿児島県立短期大学『紀要』第 58 号。

野村俊郎 [2007]「トヨタの IMV プロジェクトにおけるインドーグローバル化とローカル化の新段階—」鹿児島県立短期大学 『商経論叢』第 57 号

野村俊郎 [2008]「フィリピンの自動車産業と IMV」鹿児島県立短期大学地域研究所『研究年報』第 39 号

野村俊郎 [2008]「インドネシアにおける IMV」鹿児島県立短期大学『商経論叢』第 58 号

野村俊郎 [2010]「広汽トヨタの JIT における SPS と順引きの意味」山崎修嗣編『中国・日本の自動車産業サプライヤー・システム』第 2 章，法律文化社

野村俊郎 [2014]「IMV にみるトヨタの新興国車製造—製造組織のルーチンの保持と進化—」グローバル自動車産業研究会（2014 年 6 月 28 日，於東京大学 MMRC）での報告

野村正實 [1993a]『熟練と分業—日本企業とテイラー主義—』御茶の水書房

野村正實 [1993b]『トヨティズム—日本型生産システムの成熟と変容—』ミネルヴァ書房

野村正實 [2001]『知的熟練論批判—小池和男における理論と実証—』ミネルヴァ書房

野村正實 [2003]『日本の労働研究—その負の遺産—』ミネルヴァ書房

藤本隆宏，キム・B・クラーク [1993]『［実証研究］製品開発力—日米欧自動車メーカー 20 社の詳細調査—』ダイヤモンド社，Clark, K. B. and Fujimoto, T.［1991］の邦訳

藤本隆宏 [1997]『生産システムの進化論—トヨタ自動車にみる組織能力と創発プロセス—』有斐閣

藤本隆宏 [1998] 西口敏宏・伊藤秀史編著『リーディングス　サプライヤー・システム—新しい企業間関係を創る—』有斐閣

藤本隆宏 [2000]「実証分析の方法」（進化経済学会・塩沢由典編『方法としての進化—ゲネシス進化経済学—』シュプリンガー・フェアラーク東京，第 2 章）

藤本隆宏 [2001a]「アーキテクチャの産業論」藤本隆宏・武石彰・青島矢一編『ビジネス・アーキテクチャ—製品・組織・プロセスの戦略的設計—』有斐閣

藤本隆宏 [2001b]『生産マネジメント入門［Ⅰ］—生産システム編—』日本経済新聞社

藤本隆宏 [2001c]『生産マネジメント入門［Ⅱ］—生産資源・技術管理編—』日本経済新聞社

藤本隆宏 [2001d]「日本型サプライヤー・システムとモジュール化—アーキテクチャ論の視点から—」RIETI（独立行政法人経済産業研究所）

藤本隆宏 [2002a]「製品アーキテクチャの概念・測定・戦略に関するノート」RIETI（独立行政法人経済産業研究所）『RIETI Discussion Paper Series』02-J-008

藤本隆宏 [2002b]「リーン生産方式の比較分析に関する試論的ノート—自動車ボディ・バッファ管理の事例—」赤門マネジメント・レビュー 1 巻 9 号，2002 年 12 月

藤本隆宏 [2003a]「組織能力と製品アーキテクチャ—下から見上げる戦略論—」『組織科学』第 36 号，第 4 巻，11-22 頁

藤本隆宏 [2003b]『能力構築競争』中公新書

藤本隆宏 [2004]『日本のもの造り哲学』日本経済新聞社

藤本隆宏・天野倫文・新宅純二郎［2007］「アーキテクチャ分析にもとづく比較優位と国際分業：ものづくりの観点からの多国籍企業の再検討」『組織科学』第 40 号，第 4 巻，51-64 頁

藤本隆宏［2013a］「ホンダものづくりシステム—その独自性と普遍性—」下川浩一編著『ホンダ生産システム—第 3 の経営革新—』第 7 章，文眞堂

藤本隆宏［2013b］『現場主義の競争戦略—次代への日本産業論—』新潮社

藤本隆宏［2014］グローバル自動車産業研究会（2014 年 6 月 28 日，於東京大学 MMRC）での筆者の報告（野村俊郎［2014］）に対するコメント。

ヘーゲル論理学研究会［1991］『ヘーゲル大論理学・概念論の研究』大月書店

丸山恵也［1995］『日本的生産システムとフレキシビリティ』日本評論社

三浦隆之［2005］書評・ジョン・ロバーツ著，谷口和弘訳『現代企業の組織デザイン—戦略経営の経済学—』NTT 出版

見田石介［1976］「対立と矛盾」「論理的矛盾と現実の矛盾」『見田石介著作集』第 1 巻，大月書店

見田石介［1979］『ヘーゲル大論理学研究第 1 巻』，［1980a］『第 2 巻』，［1980b］『第 3 巻』大月書店

CAR GRAPHIC［2008］「世界の『Made by Toyota』を追う—トヨタ IMV プロジェクト 開発の経緯—」CAR GRAPHIC2008 年 9 月号，二玄社，154〜157 頁。岩尾信哉氏（CAR GRAPHIC）による細川薫チーフエンジニアに対するインタビュー記録である。

# TMC及び、IMVの製造、販売に関わる海外子会社訪問日時一覧

| 国数 | 進出先国名 | 社数 | 親会社、現地子会社名<br>※大字は車両製造拠点、<br>☆は主要コンポーネント製造拠点、×はIMV生産終了<br>△は販売会社、（細川薫CE） | IMV関連工場数 | IMV製造モデル<br>コンポーネント品目 | 略称 | 訪問日時（ゴシックは車両製造拠点、外はコンポーネント製造拠点か関連子会社）<br>1回目（2006~2007年頃） | 2回目（2012~2014年頃） | それ以降<br>2004年以降その他 | 訪問回数（車両製造拠点） | 訪問回数（コンポーネント） |
|---|---|---|---|---|---|---|---|---|---|---|---|
| - | 日本 | - | トヨタ自動車株式会社（細川薫CE） | - | 製品開発（ZB+開発実務） | TMC | 2005/6/13&14 | 2011/11/21 | 2013/11/26* | - | - |
| 1 | タイ | 1 | ①Toyota Motor Thailand Co.,Ltd. サムロン工場 | 1 | IMV1, 2, 3 | TMT | ①2006/3/23 | - | - | 1 | - |
|  |  | 2 | ②バンポー工場 | 1 | IMV2, 3, 4 | TMT | ①2007/3/16 | ②2012/8/31 | - | 2 | - |
|  |  |  | ☆Siam Toyota Manufacturing Co., LTD. | 1 | ☆KDエンジン | ☆STM | ①2007/3/13 | - | - | - | 1 |
|  |  | 3 | Toyota Motor Asia Pasific Engineering & Manufacturing | - | 製品開発（Z機能無し） | TMAP-EM | - | ①2012/2/19 | - | - | 1 |
|  |  | - | ×Thai Auto Works Co., Ltd. | 1 | ×IMV4（TMTに移管） | ×TAW | ①2007/3/16&17 | - | - | - | - |
| 2 | インドネシア | 4 | ③Toyota Motor Manufacturing Indonesia | 1 | IMV4, 5<br>☆TRエンジン | TMMIN | ①2006/2/6, ②2006/3/9 | ③2012/9/6, ④2014/9/19 | ⑤2005/9/14, ⑥2011/5/6, ⑦2011/10/31 | 7 | - |
| 3 | 南アフリカ | 5 | △Toyota-Astra Motor | - | ○販売会社 | ○TAM | ①2006/2/7 | ②2014/9/19 | ③2005/9/14 | - | - |
|  |  | 6 | ④Toyota SA Motors (Pty) Ltd | 1 | IMV1, 2, 3, 4 | TSAM | ①2006/8/9 | ②2013/3/21&22 | - | 2 | - |
| 4 | アルゼンチン | 7 | ⑤Toyota Argentina S.A. | 1 | IMV1, 3, 4 | TASA | ①2006/8/23 | ②2013/3/25 | - | 2 | - |
|  | （ブラジル） | 8 | Toyota Do Brasil Ltda. | - | TASAの統括会社<br>☆Rアクスル | ☆TDB | - | ①2013/3/28 | - | - | 1 |
| 5 | インド | 9 | ⑥Toyota Kirloskar Motor Pvt. Ltd. | 1 | IMV4, 5 | TKM | ①2006/8/23 | ②2012/3/20 | - | 2 | - |
|  |  | 10 | ☆Toyota Kirloskar Auto Parts Pvt. Ltd. | 1 | ☆R型トランスミッション | ☆TKAP | ①2006/8/23 | - | - | - | 1 |
| 6 | フィリピン | 11 | ⑦Toyota Motor Philippines Corporation | 1 | IMV5 | TMP | ①2006/3/13 | ②2012/8/23 | - | 2 | - |
|  |  | 12 | ☆Toyota Autoparts Philippines, Inc. | 1 | ☆G型トランスミッション | ☆TAP | ①2006/3/13 | ②2012/8/23 | - | - | 2 |
| 7 | マレーシア | 13 | ⑧Assembly Services Sdn Bhd | 1 | IMV1, 3, 4, 5 | ASSB | ①2006/3/17 | ②2012/10/4 | - | 2 | - |
| 8 | ベトナム | 14 | ⑨Toyota Motor Vietnam Co.,Ltd. | 1 | IMV4, 5 | TMV | ①2006/3/20 | ②2012/8/28 | ③2014/8/21 | 3 | - |
| 9 | 台湾 | 15 | ⑩國瑞汽車股份有限公司 | 1 | IMV5 | 國瑞 | ①2007/9/14 | ②2012/10/2 | ③2014/9/11 | 3 | - |
| 10 | パキスタン | 16 | ⑪Indus Motor Company Limited | 1 | IMV1, 3, 4 | IMC | ①2006/8/26&29 | ②2013/3/20 | - | 2 | - |
| 11 | ヴェネズエラ | 17 | ⑫Toyota Do Venezuela, C.A. | 1 | IMV3, 4 | TDV | ①2006/8/17 | ②2013/9/3 | - | 2 | - |
|  |  | 17 |  |  |  |  |  |  |  | 30 | 6 |

*「細川薫CEに対する2013年11月26日のインタビューは出向先の住友ゴム本社で行った。」

取材先一覧

| 通番 | 訪問時期（○回目） | 進出先国名 | 社数 製造拠点 ●☆ | 社数 部品メーカー ○ | 社数 販売会社△その他 | 現地法人名 ●は車両製造拠点、☆は主要コンポーネント製造拠点、△は販売会社、×はIMV生産終了、○は部品メーカー | 製造拠点 ●☆ | 人数 部品メーカー ○ | 人数 販売会社△その他 | 訪問日時（※は2度目の訪問） |
|---|---|---|---|---|---|---|---|---|---|---|
| 1 | | 日本 | 0 | 4 | 0 | アイシン・エーアイ株式会社 | ○ | 2 | | 2007/3/8 |
| 2 | | | | | | アイシン精機株式会社 | ○ | 1 | | 2007/3/8 |
| 3 | | | | | | 株式会社デンソー | ○ | 1 | | 2007/3/8 |
| 4 | | | | | | ジェイテクト工業株式会社 | ○ | 4 | | 2007/3/9 |
| 5 | 2006〜2007年頃（1回目） | タイ | 2 | 1 | 1 | Toyota Motor Thailand Co.,Ltd.（サムロン工場＆バンポー工場） | ● | | | 2006/3/23 |
| 6 | | | | | | Siam Toyota Manufacturing Co., LTD. | ☆ | 4 | | 2006/3/23 |
| 7 | | | | | | Thai Auto Works Co., Ltd. | × | | 4 | 2006/3/16 |
| 8 | | | | | | Aisin AI (Thailand) Co., Ltd. | ○ | 3 | | 2007/3/15 |
| 9 | | インドネシア | 1 | 0 | 1 | Pt.Toyota Motor Manufacturing Indonesia | ● | 6 | | 2006/2/6 2006/3/9 |
| 10 | | | | | | Pt.Toyota-Astra Motor | △ | | 1 | 2006/2/7 |
| 11 | | 南アフリカ | 1 | 0 | 0 | Toyota SA Motors (Pty) Ltd | ● | 3 | | 2006/8/9 |
| 12 | | アルゼンチン | 1 | 0 | 0 | Toyota Argentina S.A. | ● | 3 | | 2006/8/23 |
| 13 | | インド | 2 | 1 | 0 | Toyota Kirloskar Motor Pvt. Ltd. | ● | 2 | | 2006/8/23 |
| 14 | | | | | | Toyota Kirloskar Auto Parts Pvt. Ltd. | ☆ | 3 | | 2006/8/23 |
| 15 | | | | | | Aisin Nttf Pvt. Ltd. | ○ | | 2 | 2006/8/24 |
| 16 | | フィリピン | 2 | 0 | 1 | Toyota Motor Philippines Corporation | ● | 7 | | 2006/3/13 |
| 17 | | | | | | Toyota Autoparts Philippines, Inc. | ☆ | 4 | | 2006/3/13 |
| 18 | | | | | | Toyota Manira Bay Corporation | △ | | 1 | 2007 |

取材先一覧　195

| No. | 国 | | | | | 取材先 | | | 日付 |
|---|---|---|---|---|---|---|---|---|---|
| 19 | マレーシア | 1 | 2 | 0 | ● | Assembly Services Sdn Bhd | 2 | | 2006/3/17 |
| 20 | | | | | ● | T&K Autoparts Sdn.Bhd. | | 3 | 2006/3/17 |
| 21 | | | | | ● | UmwToyota Motor Sdn. Bhd. | | 1 | 2007 |
| 22 | ベトナム | 1 | 0 | 0 | ● | Toyota Motor Vietnam Co.,Ltd. | 3 | | 2006/3/20 |
| 23 | 台湾 | 1 | 0 | 0 | ● | 國瑞汽車股份有限公司　台湾豊田自動車(株)湾事務所 | 6 | | 2007/9/14 |
| 24 | パキスタン | 1 | 0 | 1 | ● | Indus Motor Company Limited | 5 | | 2006/8/26 |
| 25 | | | | | ● | Toyota Tsusho Corporation | | 3 | 2006/8/26 |
| 26 | ベネズエラ | 1 | 0 | 0 | ● | Toyota Do Venezuela, C.A. | 2 | | 2006/8/17 |
| 小計 | | 14 | 8 | 4 | — | — | 56 | 17 | — |
| | | | 26 | | | | | 82 9 | |
| 27 | 日本 | 1 | 0 | 0 | ● | トヨタ自動車株式会社 | 3 | | 2012/11/3 |
| 28 | | | | | ● | Toyota Motor Thailand Co.,Ltd. | 4 | | 2012/8/31※ |
| 29 | タイ（2012～2014年頃 2回目） | 1 | 12 | 2 | ○ | Toyota Motor Asia Pacific Engineering & Manufacturing Co.,Ltd. | 1 | | 2012/2/19 |
| 30 | | | | | ○ | Kogax (Thailand) Co.,Ltd | 3 | | 2013/9/9 |
| 31 | | | | | ○ | Denso International Asia Co.,Ltd | 3 | | 2013/9/9 |
| 32 | | | | | ○ | Denso (Thailand) Co.,Ltd | 3 | | 2013/9/10 |
| 33 | | | | | ○ | Siam Denso Manufacturing Co.,Ltd | 4 | | 2013/9/10 |
| 34 | | | | | ○ | INOAC (Thailand) Co.,Ltd | 1 | | 2013/9/11 |
| 35 | | | | | ○ | Inoue Rubber (Thailand) Public Company Limited | 2 | | 2013/9/11 |
| 36 | | | | | ○ | TT Techno-Park Co.,Ltd | | 2 | 2013/9/12 |
| 37 | | | | | ○ | Komatsu Seiki (Thailand) Co.,Ltd | 1 | | 2013/9/12 |
| 38 | | | | | ○ | Toyota Tsusho (Thailand) Co.,Ltd | | 3 | 2013/9/12 |
| 39 | | | | | ○ | Univance (Thailand) Co.,Ltd | 1 | | 2013/9/13 |
| 40 | | | | | ○ | Ogihara (Thailand) Co.,Ltd | 1 | | 2013/9/13 |
| 41 | | | | | ○ | Calsonic Kansei (Thailand) Co.,Ltd | 3 | | 2013/9/13 |
| 42 | | | | | ○ | Nsw (Thailand) Co.,Ltd | 2 | | 2013/9/13 |

取材先一覧

| No. | 時期 | 国 | | | | | 取材先 | | | | | | 日付 |
|---|---|---|---|---|---|---|---|---|---|---|---|---|---|
| 43 | 2012〜2014年頃 (2回目) | インドネシア | 1 | | 8 | ● | Pt.Toyota Motor Manufacturing Indonesia | 6 | | | | | 2012/9/6※ 2014/9/19 |
| 44 | | | | | | △ | Pt.Toyota-Astra Motor | 2 | | | | | 2014/9/19※ |
| 45 | | | | | | ○ | Pt.Toyota Boshoku Indonesia | | 2 | | | | 2012/9/7 |
| 46 | | | | | | | Pt.Plaza Auto Primo | | 2 | | | | 2013/8/21 |
| 47 | | | | | | | Pt.U Finance Indonesia | | 1 | | | | 2014/9/15 |
| 48 | | | | | | | Pt.JBA Indonesia | | 1 | | | | 2014/9/15 |
| 49 | | | | | | | Pt Asuransi Tokio Marine Indonesia | | 2 | | | | 2014/9/16 |
| 50 | | | | | | | Pt.Oto Multiartha | | 1 | | | | 2014/9/17 |
| 51 | | | | | | | Pt Summit Oto Finance | | 1 | | | | 2014/9/17 |
| 52 | | | | | | | Nikko Securities Indonesia | | 1 | | | | 2014/9/18 |
| 53 | | 南アフリカ | 1 | 0 | 0 | ● | Toyota SA Motors (Pty) Ltd | 15 | | | | | 2013/3/21※ |
| 54 | | アルゼンチン | 1 | 0 | 0 | ● | Toyota Argentina S.A. | 5 | | | | | 2013/3/25※ |
| 55 | | インド | 1 | 2 | 1 | ● | Toyota Kirloskar Motor Pvt. Ltd. | 1 | 1 | | | | 2012/3/20 |
| 56 | | | | | | ○ | TG Kirloskar Automotive Private Limited | | 1 | | | | 2012/3/20 |
| 57 | | | | | | ○ | Toyota Boshoku Automotive India(p) Ltd | | 2 | | | | 2012/3/20 |
| 58 | | | | | | | Toyota Techno Park India Private Limited | | 1 | | | | 2012/3/20 |
| 59 | | フィリピン | 2 | 1 | 0 | ● | Toyota Motor Philippines Corporation | 7 | | | | | 2012/8/23※ |
| 60 | | | | | | ☆ | Toyota Autoparts Philippines, Inc. | 3 | | | | | 2012/8/23※ |
| 61 | | | | | | | Toyota Boshoku Philippines Corporation | | 3 | | | | 2012/8/23 |
| 62 | | マレーシア | 1 | 3 | 0 | ● | Assembly Services Sdn Bhd | 3 | | | | | 2012/10/4※ |
| 63 | | | | | | | Toyota Auto Body (Malaysia) Sdn.Bhd. | | 3 | | | | 2012/10/4 |
| 64 | | | | | | | Toyota Boshoku Umw Sdn. Bhd. | | 3 | | | | 2012/10/4 |
| 65 | | | | | | | UmwToyota Motor Sdn. Bhd. | | 2 | | | | 2012/10/4 |
| 66 | | ベトナム | 1 | 2 | 3 | ● | Toyota Motor Vietnam Co.,Ltd. | 6 | | | | | 2012/8/28※ 2014/8/21 |
| 67 | | | | | | ○ | Toyota Boshoku Hanoi Co.,Ltd. | | 4 | | | | 2014/8/28 |
| 68 | | | | | | | Bao Viet Tokio Marine Insurance Company Limited | | | 3 | | | 2014/8/19 |
| 69 | | | | | | | Toyota Giai Phong Company | | | 2 | | | 2014/8/20 |
| 70 | | | | | | | Toyota Hiroshima Vinh Phuc-HT | | | 4 | | | 2014/8/20 |
| 71 | | | | | | ○ | Denso Manufacturing Vietnam Co.,Ltd. | | 1 | | | | 2014/8/22 |

取材先一覧　　197

| No. | 国 | | | | 記号 | 会社名 | 人数 | 取材日 |
|---|---|---|---|---|---|---|---|---|
| 72 | 台湾 | 1 | 6 | 0 | ● | 國瑞汽車股份有限公司　豊田自動車事務所 | 6 | 2012/10/2※<br>2014/9/11 |
| 73 | | | | | ○ | 新三興股份有限公司（トヨタ紡織株式会社） | 3 | 2012/10/2 |
| 74 | | | | | ○ | 豊裕股份有限公司 (Toyota Gosei) | 3 | 2012/10/2 |
| 75 | | | | | ○ | 豊國工業股份有限公司・台湾愛徳克斯汽車零件股份有限公司 | 5 | 2014/9/9 |
| 76 | | | | | ○ | 鉅祥企業股份有限公司 | 4 | 2014/9/10 |
| 77 | | | | | ○ | 台湾電綜股份有限公司 (Denso Taiwan Corp.) | 3 | 2014/9/10 |
| 78 | | | | | ○ | 春翔欣業股份有限公司（トヨタ車体） | 7 | 2014/9/11 |
| 79 | パキスタン | 1 | 0 | 0 | ● | Indus Motor Company Limited | 2 | 2013/3/20※ |
| 80 | ブラジル | 1 | 0 | 0 | ☆ | Toyota Do Brasil Ltda. | 3 | 2013/3/28 |
| 81 | ベネズエラ | 1 | 1 | 0 | ● | Toyota Do Venezuela, C.A. | 10 | 2013/9/3※ |
| 82 | | | | | ○ | Manufacturas Enveta C.A. | 3 | 2013/9/3 |
| 小計 | | 14 | 28 | 14 | — | | 76 | 74 | — |
| | | | 56 | | | | | 174 | |
| 83 | 日本 | 0 | 0 | 1 | — | トヨタ自動車株式会社 | 1 | 2005/6/13,14<br>2011/11/21 |
| 84 | | 0 | 0 | 1 | — | 住友ゴム工業株式会社 | 1 | 2013/11/26 |
| 85 | 2004年以降（その他） | インドネシア | 1 | 0 | 1 | △ | Pt.Toyota-Astra Motor | 1 | 2005/9/14 |
| 86 | | | | | ● | Pt.Toyota Motor Manufacturing Indonesia | 10 | 2005/9/14 |
| 小計 | | 1 | 0 | 3 | — | | 13 | 0 | — |
| | | | 4 | | | | | 13 | |
| 合計 | | 29 | 36 | 21 | — | | 145 | 91 | 33 |
| | | | 65 | 86 | | | 236 | 269 | 33 |

# 索　引

## 欧文

Affordable Car　2, 33, 60, 163
AFTA　19
AGV　78, 80, 101, 120
Allowance　167
　　──の最小化　67
BOP　13, 14
Bufferless　67
Bキャブ，Cキャブ，Dキャブ　4, 5, 60
Bキャブ→Bキャブ，Cキャブ，Dキャブ
CE　iii, ix, 31, 35, 38, 41, 47
　　──構想　42, 163
CKD　136
CY　158
Cキャブ→Bキャブ，Cキャブ，Dキャブ
D80N　63, 68, 167
DPS　80, 101, 118
DS　64, 66, 68, 167
Dキャブ→Bキャブ，Cキャブ，Dキャブ
ECE　44
EFC　26, 30, 67, 167
FTA　18
Global Best→グローバルベスト
GS　64
HWPM→重量級プロダクトマネージャー
IMV (Innovative International Multi-purpose Vehicle)　1, 30, 33
JS　64, 135
JSP　139, 157
KRDC　175
LCGC　26, 68, 167
LCV　v, 33, 68, 72, 167
LO　viii, 3, 36
Local Best→ローカルベスト
LSP　135, 136, 139
MSP　136, 139, 157

N月　160
PC　158
PF (Platform) →プラットフォーム
PXP　158
Pレーン　158
QCD　136
QCサークル　81, 102
Recursiveness　23, 71
SE　19, 52
SPS　78, 80, 101, 108, 115, 158, 170
　　──の問題　120
SPTT　52
Sレーン　158
T/A　147
TD合同委員会　40, 66, 164
TMAP-EM　31, 50, 53, 129, 175
TS　64, 66, 67
TUV　57, 58, 62, 138, 178
U-IMV　25, 30, 33, 62, 65, 145
ULCV　ii, 72
Z　iii, 30, 38, 40, 70, 126, 129, 131, 155
ZAD　37
ZB　31, 35, 38, 41, 49, 71, 181
ZK　38, 71, 167
ZN　38, 41, 43

## ア行

曖昧な発注・無限の要求　19
アギア／アイラ　30
アクセス・ドア　50
アプリ開発　128
一個流し混流生産　106
井上孝雄　40, 162
イノベーションのジレンマ　v, 14, 63, 72
インラインバイパス　78, 100, 110, 112
内図　132
ウンセル　58

索　引　199

## カ行

海生　178
外設申→外注部品設計申入書
カイゼン　81, 85, 102, 121
　　──チーム　102, 121
外注関係　126
外注部品設計申入書　viii, 31, 50, 126, 129
開発サブネーム　1
開発実務組織　35, 44
開発ルーチン　32
価格改定交渉　131
関係特殊的技能　128, 147
関係特殊的投資　129
関係特殊的スキル→企業特殊的スキル
カンバン　80
企業特殊的スキル　81, 102, 121
技術方針　45, 47
クオリス　58
久保田知久雄　40, 45, 162
グローバル供給拠点　77, 83, 94
グローバル・コア・モデル　88
グローバルベスト　3, 6, 86, 163
系列外　147
系列サプライヤー　128
系列調達　126
系列取引　28
怪我の功名　166
月度オーダー　157
原価企画　52
現調率　138
現場　15, 25
号口　55
号試　55
工数差　100, 106, 170
「構想」と「実行」の分離　56
コンドル　58
混流　vi, 77, 79, 105, 170

## サ行

作業時間の平準化　107
サフィックス　9, 11, 52, 60, 105
3カ月内示　160
漸進的イノベーション　13, 56, 59

自工　178
事後合理的　26, 166
試作　31, 57
自然環境　2, 10
事前合理的　26, 74, 166
持続的イノベーション　iv, 13, 33, 59, 162
自販　178
車台→プラットフォーム
車道別　158
重量級プロダクトマネージャー　iii, 42, 47, 48
主査　41
主担当員　41
需要変動対応能力　79, 119
準レント　81, 122, 132
使用常識　2, 10
承認図　50
正味作業時間　77
進化　22, 24, 59, 85, 130, 147, 155, 156
新市場型　13, 173
新市場創造型　59, 168
深層現調化　28, 135, 143
生産準備ルーチン　32, 170
ゼイス　58
製品イノベーション　12, 163
　　──論　25
設計情報の創造　31, 56
設計情報の転写　32, 76
設計チェックシート　155
セットパーツ場　80, 101, 158
設変　16, 133
前適応　23, 71, 167
戦略と組織　25
創発　22
組織構造　169
組織進化論　25
組織能力　168
組織ルーチン　24, 59

## タ行

第2トヨタ　v, 27, 34, 59, 70, 168
貸与図　49
高梨建司　40, 162
タクトタイム　102, 111
多車種多仕様混流生産　100, 109

タマラウ 58
多銘柄多仕様量産機構 17
多様に進化 56,98
担当員 41
知的熟練 103
長期継続的雇用 81,121
デイリーオーダー 157
テクセン 30
デバン 158
手待ちのムダ 77,79,100,107,111,114,170
転写 16,56,133
同期供給 116
同期台車 118
逃走 15,63,164,166,167,177
同伴進出 135,156
トヨタ・メルコスール 99,148
トラック系乗用車 43,72

## ナ行

内製,外注の区分 126
内部労働市場 81
人工 111,112

## ハ行

バイパスライン 78,100
破壊的イノベーション ii, iv, 13, 62, 164
発生史的分析 178
発注タイミング 20
非系列 147
　──調達 126
標準作業書 81,102,121
瓢箪から駒 166
ファウンドリー 32,76
部品棚の森 116
プラットフォーム 3,4,6
ブルー・オーシャン 14
プレトリムライン 100,110
プロセスイノベーション 13,27,170
分化 126,155
変異 22, 81, 85, 104, 108, 114, 119, 126, 147, 156
細川薫 iii, 40, 43, 45, 51, 61, 163, 181

## マ行

マザー工場 83

マザーライン 57
　──無きマザー工場 85
まとめてまかせる 19
マルマ 38
マルモ 38
矛盾 18,20,81
無消費 172
　──に対抗 14
ムダ 77
もうかる部分をみせない受注 131
モジュラー寄りのトラック系乗用車 x, 2, 7

## ヤ行

横串 35, 37, 44, 45, 163

## ラ行

両睨み 21, 31, 45, 46, 48, 49, 163
ルーチン 21, 22, 38, 41, 80, 114, 119, 130, 131, 150, 163, 169, 170, 171
　──だが創造的,ルーチンだから創造的 42
ロイヤリティ 130,147
ローエンド型 13,63,164
ローカルベスト 3,6,9,163
ロット混流生産 105

### 著者紹介

野村　俊郎（のむら・としろう）
1959年　京都府に生まれる
1990年　立命館大学大学院経済学研究科博士課程後期課程単位取得満期退学
現在　　鹿児島県立短期大学教授
専門　　製品開発論，生産管理論，サプライヤー・システム論
著書　　『ビジネスガイド・インドネシア』第Ⅳ章，第Ⅴ章（共著，ジェトロ・ジャカルタ・センター編，1996年）
　　　　『AFTA』第5章（共著，青木健編，2001年）
　　　　『中国・日本の自動車産業サプライヤー・システム』第2章（共著，山崎修嗣編，2010年），その他。

---

トヨタの新興国車 IMV
——そのイノベーション戦略と組織——

2015年2月28日　第1版第1刷発行　　　　　　　　　　検印省略

著　者　　野　村　俊　郎

発行者　　前　野　　　隆
　　　　　東京都新宿区早稲田鶴巻町 533

発行所　　株式会社　文　眞　堂
　　　　　電話　03（3202）8480
　　　　　FAX　03（3203）2638
　　　　　http://www.bunshin-do.co.jp
　　　　　郵便番号 $^{162-}_{0041}$ 振替00120-2-96437

製作・モリモト印刷
© 2015
定価はカバー裏に表示してあります
ISBN978-4-8309-4847-3　C3034